# 网络营销

主　编　齐立伟　李　静　杨　磊
副主编　刘　坤　刘海燕　任小娟
参　编　谢国强　张玉成　杨新爱
　　　　张宝华　赵海亮　李　凯
主　审　宫宇红

北京理工大学出版社
BEIJING INSTITUTE OF TECHNOLOGY PRESS

## 内 容 简 介

本书共设置八个项目。项目一是网络营销的理论基础与框架构成；项目二、三是网络营销目标消费者和市场环境分析与调研实施；项目四、五是网络产品和企业网站营销推广策略和分析；项目六是网络产品和网络推广两类营销方案的策划；项目七是网络营销效果评估概述、指标和实施；项目八是网络品牌概述、建设及推广。本书总结了网络营销策略体系设计原则与实现方法，实现了理论体系与实践应用体系的密切关联，使其相互支撑。

本书内容源于实践的总结和提升，具有系统性、实用性、启发性，对网络营销知识的学习、研究及实施均有独到的参考价值，可作为企业管理人员及网络营销工作人员的参考用书。

**图书在版编目（CIP）数据**

网络营销 / 齐立伟，李静，杨磊主编 . -- 北京：
北京理工大学出版社，2024.4
ISBN 978-7-5763-3915-4

Ⅰ . ①网… Ⅱ . ①齐… ②李… ③杨… Ⅲ . ①网络营
销 Ⅳ . ① F713.365.2

中国国家版本馆 CIP 数据核字（2024）第 089478 号

| | | | |
|---|---|---|---|
| **责任编辑**：武丽娟 | | **文案编辑**：武丽娟 | |
| **责任校对**：刘亚男 | | **责任印制**：施胜娟 | |

**出版发行** / 北京理工大学出版社有限责任公司

**社　　址** / 北京市丰台区四合庄路 6 号

**邮　　编** / 100070

**电　　话** /（010）68914026（教材售后服务热线）
　　　　　　（010）63726648（课件资源服务热线）

**网　　址** / http：//www.bitpress.com.cn

**版印次** / 2024 年 4 月第 1 版第 1 次印刷

**印　　刷** / 定州市新华印刷有限公司

**开　　本** / 889 mm × 1194 mm　1/16

**印　　张** / 13

**字　　数** / 251 千字

**定　　价** / 89.00 元

前　言

随着新一轮科技变革和产业变革孕育兴起，人工智能、大数据、云计算、区块链等新技术飞速发展，移动应用、社交媒体、网络直播、短视频等新应用、新业态不断涌现。近年来，"互联网营销师"被认定为新兴职业之一。

本书在编写过程中立足于"以读者为主体、以就业为向导"的指导思想，深入了解网络营销现状及典型职业活动、工作任务、岗位要求；以培养高素质网络营销技术技能人才为目标任务，优化网络营销岗位的知识点和技能点，采用任务驱动的模式，将专业工作岗位中的营销任务分解细化，基于工作过程设计教材内容，适用于现代营销工作岗位的要求，培养能用、适用、好用的网络营销人才。

本书具有以下特色：

### 1. 坚持立德树人，注重德技并重

本书将传授基础知识与培养专业技能并重，强化读者职业素养养成和专业技术积累，将专业精神、职业精神和工匠精神融入人才培养全过程。

### 2. 采用项目设计，落实三教改革

本书采用项目任务式编写体例，由八个项目组成，每个项目包括2至3个学习单元。每个项目以知识导图、案例导入和素养园地三个模块导入。每个单元由单元导读、知识学习、思考探索、拓展延伸及任务实训组成。单元导读引发学习兴趣，知识学习掌握学习内容和构建理论体系，思考探索举一反三，拓展延伸学以致用，任务实训精进学生技能。

### 3. 选取典型活动，突出能力培养

本书内容的选择，围绕网络营销岗位群典型职业活动和工作任务，以培养读者职业能力为主线，突出对网络营销市场分析、网络推广、网络营销策划等职业能力的培养，帮助读者在完成实战任务的过程中储备相关知识，提升就业与创业能力。

本书由齐立伟、李静、杨磊主编。参与本书编写的人员及分工如下：杨磊负责对全书进行统稿，任小娟编写项目一和项目二，张玉成编写项目四，刘坤编写项目三和项目六，刘海燕编写项目五，谢国强编写项目七和项目八。

由于本书编写时间仓促，作者水平有限，书中难免有疏漏之处，恳请各位专家和广大使用者提出宝贵意见。读者意见反馈邮箱 mzxxgcb@163.com。

编　者

# 目 录 CONTENTS

# 项目一　网络营销体系认知

## 项目引言

　　网络技术的发展和应用改变了信息的分配与接受方式，改变了人们生活、工作、学习、合作和交流的环境，企业也必须积极利用新技术变革企业经营理念、经营组织、经营方式和经营方法，搭上技术发展的快速便车，促使企业飞速地发展。

　　网络营销基于互联网，可以整合传统的各种单一的营销模式，对公司和产品进行全方位、立体式的宣传，达到事半功倍的效果。企业利用网络这一科技制高点在如此潜力巨大的市场上开展网络营销、占领新兴市场，为消费者提供各种类型的服务，是取得未来竞争优势的重要途径。网络营销的营销目标可以是政府、事业单位、企业、个人、团队、组织机构、产品或服务等。本项目将完成两个任务，分别是网络营销基础认知，网络营销核心框架构建。

## 项目目标

学习目标：

1. 了解网络营销的概念、特点和功能；

2. 掌握网络营销的发展历程；

3. 熟悉网络营销思维与创意创新；

4. 能够比较网络营销和传统营销的异同点；

5. 能够掌握网络营销核心问题与内容体系；

6. 具备根据网络营销框架体系分析企业业务流程及开展网络营销的能力。

素质目标：

1. 树立正确的营销价值观；

2. 培养具有爱岗敬业的精神；

3. 遵守职业道德规范并进行行为自我约束。

## 知识导图

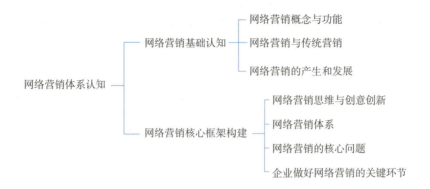

网络营销体系认知
- 网络营销基础认知
  - 网络营销概念与功能
  - 网络营销与传统营销
  - 网络营销的产生和发展
- 网络营销核心框架构建
  - 网络营销思维与创意创新
  - 网络营销体系
  - 网络营销的核心问题
  - 企业做好网络营销的关键环节

## 案例导入

### "游读济宁，百人共创"——打造文化济宁的网络营销

2022 年 6 月 7 日上午，在曲阜孔庙万仞宫墙之下，由济宁市文化和旅游局主办，今日头条和抖音作为支持平台的"游读济宁——2022 山东省旅游发展大会百人创作行动"正式启动。人民网、新华网等中央级媒体与山东省、济宁市主流媒体代表，以及来自抖音平台的优质头部创作者们一起从这里出发，寻迹"孔孟之乡"和"运河之都"的文化符号，探访文化济宁的千年文脉。网络达人们抵达邹城、嘉祥、微山、汶上等地，进行沉浸式体验，以年轻、新鲜的视角感受并通过网络分享济宁这座千年古城的诗意儒风。活动在抖音上线"游读济宁"话题，参与人数众多。30 位优秀创作者共创作 72 条短视频，视频总播放量近 1.7 亿人次，近百万网友点赞。通过全媒体覆盖和多平台立体传播以及达人手中的镜头，"文化济宁""游读济宁"品牌得到一次大范围、强效果宣传推广，济宁旅游知名度、美誉度得到进一步提升。

案例分析：山东济宁市能较好地提升其文化和旅游影响力，离不开运用互联网的思维开展网络营销传播，文创打开了旅游消费新局面。通过网络平台，强化品牌宣传、整合精品资源、创新营销活动，擦亮了济宁市"圣地、文化、水乡"三张名片，全方位推介

"游读济宁　体验圣地"特色产品，进一步提升了"孔孟之乡　运河之都　文化济宁"品牌的美誉度和影响力。无论是抖音短视频的创作，还是大众的参与，都展现出网络营销的强大功能和影响力。

### 素养园地

文化是民族生存和发展的重要力量，是一个国家和民族的灵魂，更是凝聚民族精神的纽带。推进文化自信自强，铸就社会主义文化新辉煌。山东济宁市通过网络平台发起寻迹"孔孟之乡"和"运河之都"的文化符号主题活动，旨在用活现有资源，讲好新时代"孔孟之乡"的文化故事，创新文化传播方式，更好地推动文化产业融合发展，且这些文创创意通过网络平台同步展示，获得了极高的声誉。同时也从这些文创产品中，让中国传统文化以不同的方式进行传承。在网络营销体系认知学习中，引导学生弘扬传统文化，激励学生吃苦耐劳，学好网络营销。

# 知识单元1　网络营销基础认知

### 单元导读

传统市场营销作为一门学科，于20世纪初诞生于美国。随着互联网技术的发展，网络营销应运而生，成为传统营销的重要组成部分。互联网信息技术改变了企业面对的消费者、市场及营销的策略等，企业将在一个全新的营销环境下生存，这个全新的营销环境为网络营销的产生奠定了基础。如今，网络营销已成为一种极为重要的营销方式，许多实体企业都通过网络营销来实现自己的飞跃。那么，网络营销到底是什么？它有哪些功能呢？

### 知识学习

#### 一、网络营销概念与功能

##### 1. 网络营销概念

网络营销（Cyber Marketing）是依托互联网信息技术和社交媒体来满足消费者需求，

为实现企业总体经营目标而进行的营销活动，利用数字化信息和网络媒体的交互性来实现营销目标的一种新型市场营销方式。

网络营销贯穿于企业经营的整个过程，从信息收集、信息发布、贸易磋商到交易完成，网络营销自始至终地存在着。但为了更好地理解网络营销的全貌，在理解网络营销概念的同时还应注意把握以下几个问题：

（1）网络营销不是孤立的，网络营销是企业整体营销战略的组成部分。

网络营销是企业整体营销战略的组成部分，是建立在传统营销理论基础之上的，不是简单的营销网络化，而是传统营销理论在互联网环境中的应用和发展。

（2）网络营销离不开现代信息技术。

网络营销是借助互联网络、通信技术和数字交互式媒体来实现营销目标的一种营销活动。它主要是随着信息技术、通信卫星技术、电子交易与支付手段的发展，尤其是国际互联网的出现而产生的，并将随着信息技术的发展而进一步发展。比如网络安全问题，从技术上讲，网络营销发展的核心和关键问题是交易的安全性。互联网本身的开放性，使网上交易面临种种危险。如果没有妥善的安全体系，网络营销的发展终究会受到限制。

（3）网络营销的实质是顾客需求管理。

顾客需求内容和需求方式的变化是网络营销产生的根本动力。网络营销的起点是顾客需求，终点是顾客需求的满足和企业利润的最大化。

（4）网络营销包含网上销售，但不等同于网上销售。

网络营销是进行产品或者品牌的深度曝光，是为实现产品销售目的而进行的系列营销活动，是为最终实现产品销售、提升品牌形象的目的而进行的活动。网上销售是网络营销发展到一定阶段产生的结果，但这并不是最终结果，因此网络营销本身并不等同于网上销售。

（5）网络营销不等同于电子商务。

网络营销本身并不是一个完整的商业交易过程，只是促进商业交易的一种手段。网络营销是电子商务的基础，开展电子商务离不开网络营销，但网络营销并不等于电子商务。网络营销和电子商务是一对紧密相关又具有明显区别的概念，很容易混淆。电子商务的内涵很广，其核心是电子化交易，强调的是交易方式和交易过程的各个环节。网络营销的定义表明，网络营销是企业整体战略的一个组成部分。网络营销本身并不是一个完整的商业交易过程，而是为促成电子化交易提供支持，因此它是电子商务中的一个重要环节，尤其是在交易发生前，网络营销发挥着主要的信息传递作用。

（6）网络营销不是"虚拟营销"。

网络营销不是独立于现实世界的"虚拟营销"，而是传统营销的一种扩展，即传统营销向互联网的延伸，所有的网络营销活动都是实实在在的。网络营销的手段也不仅限于网上，而是注重网上网下相结合；网上营销与网下营销并不是相互独立的，而是一个相辅相成、互相促进的营销体系。

①网络营销贯穿于营销活动的全过程，包括信息发布、信息收集、客户服务及各种网上交易活动。

②网络营销是现代企业整体营销的一部分。网络营销作为一种新的营销方式或技术手段，是营销活动的一个组成部分。如果想用网络手段产生价值，就必须将网络与传统的企业营销方式结合起来，看在多大程度上节省了成本和促成了价值生成，也就是产生了多大的价值。

### 2. 网络营销特点

网络营销作为一种新型的营销手段，区别于传统营销方式，具有自己独特的特点。理论界对于网络营销的特点有所争议，但是其基本观点大致相当，归纳起来主要包括以下几点：

（1）跨时空。通过互联网络能够超越时间约束和空间限制进行信息交换，因此脱离时空限制达成交易成为可能，企业能有更多的时间和在更大的空间中进行营销，每天可24小时随时随地向顾客提供全球性的营销服务，以达到尽可能多地占有市场份额的目的。

（2）多媒体。参与交易的各方通过互联网络可以传输文字、声音、图像等多种媒体的信息，因而为达成交易进行的信息交换可以用多种形式进行，能够充分发挥营销人员的创造性和能动性。

（3）交互式。企业可以通过互联网向顾客展示商品目录，通过链接资料库提供有关商品信息的查询；可以和顾客进行双向互动式沟通；可以收集市场情报；可以进行产品测试与消费者满意度调查；等等。因此，互联网是企业进行产品设计、提供商品信息以及相关服务的最佳工具。

（4）高效性。网络营销应用电脑储存大量的信息，可以帮助顾客进行查询。电脑所传送的信息数量与精确度远远超过其他传统媒体，并能顺应市场需求，及时更新产品或调整商品价格，及时有效地了解和满足顾客的需求。

（5）经济性。网络营销使交易的双方能够通过互联网进行信息交换，代替传统的面对面的交易方式，可以减少印刷与邮递成本，进行无店面销售而免交租金，节约水电与人工等销售成本，同时也减少了由于多次交换带来的损耗，提高了交易的效率。

### 3. 网络营销功能

在理解网络营销"是什么"的基础上，更要知道网络营销能"做什么"。网络营销的功能是通过各种网络营销方法来实现的，同一个功能可能需要多种网络营销方法的共同作用，而同一种网络营销方法也可能适用于多个网络营销功能。因此，不论从企业还是从个人的角度来看，网络营销都具有以下几个功能：

（1）信息收集发布功能。信息的收集功能是网络营销进击能力的一种反映。在网络营销中，将利用多种搜索方法，主动、积极获取有用的信息和商机；将主动进行价格比较，主动了解对手的竞争态势。

信息发布功能是网络营销的一种基本职能，无论哪种营销方式，都要将一定的信息传递给目标客户群。网上信息发布以后，可以能动地进行跟踪，获得回复；可以进行回复后的再次交流和沟通。企业通过各种互联网工具，如企业自建官网和第三方网站，传递企业产品服务信息或营销信息。

（2）网络市场调研功能。在网络市场竞争环境下，主动了解市场商情，准确把握市场信息，分析顾客心理，掌握竞争对手动态，是确定网络营销战略的基础和前提，因此，网络市场调研具有重要的商业价值功能。

（3）销售渠道开拓功能。网络营销可通过现代新技术手段展示宣传企业的新产品，开拓产品销售流通渠道。可以通过线上引流实现线下消费，也可以通过线下引流实现线上消费；可以开拓新的网络市场和消费市场，完成网络营销的市场开拓使命。

（4）网络销售促进功能。网络销售是企业销售渠道的延伸，具备网上交易功能的企业网站，就是一个网上交易场所。除自建网站开展网上销售业务外，还可与专业电子商务平台、网上商店合作进行网上销售。各种有针对性的网上促销手段都具有促进销售的效果，特别是线上与线下销售相结合，可共同实现销售促进功能。一般是通过企业官网或合作网站进行渠道拓展。

## 二、网络营销与传统营销

网络营销与传统营销相比，既有相同点，也有不同点，且具有自身的优势。

### 1. 网络营销和传统营销的相同点

（1）二者营销目的相同。网络营销和传统营销的目的都是通过销售、宣传商品和服务，加强与消费者的交流和沟通，最终实现企业最小投入、最大盈利的经营目的。

（2）二者都是通过营销组合发挥作用。二者都是通过整合企业各种资源、营销策略等企业要素，开展各种具体的营销活动，最终实现企业营销目的。

（3）二者都是以满足顾客需求为出发点。无论是网络营销，还是传统营销都要以满足顾客需求作为一切经营活动的出发点。对顾客需求的满足，不仅仅停留在现实需求上，还包括潜在需求，这些都是通过市场商品交换进行的。

### 2. 网络营销和传统营销的不同点

网络营销与传统营销的不同点主要体现为语言沟通方式不同，由此带来营销理念的不同，具体体现在以下几个方面：

（1）沟通方式的不同。传统营销是通过电视、广播等方式进行沟通，企业将营销信息推送给顾客和利益相关者，信息主要是从企业到消费者的单向流动；而网络营销通过交互式媒体等沟通方式，将营销信息以"拉式营销"的方式进行传递，信息是双向流动。

（2）沟通时空限制不同。传统营销中企业与消费者之间的沟通具有明显的时空限制，但在网络营销中，企业与消费者在任何时刻、任何地点都可以通过互联网进行交流，并且这种信息交流是实时进行的。

（3）产品营销策略不同。传统的市场营销策略是指由美国迈卡锡教授提出的 4P 营销理论，即产品（Product）、价格（Price）、渠道（Place）和促销（Promotion），如图 1–1 所示。

这种理论的出发点是企业的利润，没有将顾客的需求放到与企业的利润同等重要的位置。网络的互动性使得顾客能够真正参与整个营销过程，而且其参与的主动性和选择的主动性都得到加强。这就决定了网络营销首先要把顾客整合到整个营销过程中来，从他们的需求出发开展整个营销过程。因此，以美国舒尔兹教授为首的一批营销学者提出了 4C 网络营销理论，即顾客的需求和欲望（Consumer's wants and needs）、成本（Cost）、便利（Convenience）和沟通（Communication），如图 1–2 所示。

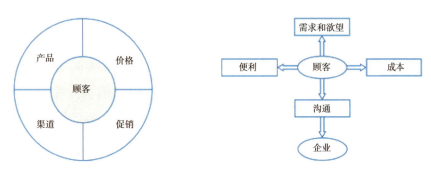

图 1–1　传统 4P 营销理论　　　图 1–2　4C 网络营销理论

现今网络营销的发展方向与营销理论发展趋势具有一致性，即不仅仅从企业的角度来设计营销要素组合，而是以满足顾客需求为导向，在企业与顾客之间建立有别于传统的新型主动性关系，使顾客不再被动接受企业的各项要素传播，而能够主动参与企业的营销活动，即发展到 4R——关联（Relevance）、回报（Reward）、反应（Respond）、关系（Relationship），见表 1–1。

表 1-1  营销理论发展趋势

| 4P | 4C | 4R |
|---|---|---|
| 以企业的角度出发 | 从顾客的需求出发 | 企业与顾客间的新型主动关系 |
| 产品（Product） | 顾客的需求和欲望（Consumer's wants and needs） | 关联（Relevance）——紧密联系顾客 |
| 价格（Price） | 成本（Cost） | 回报（Reward）——回报是营销的源泉 |
| 渠道（Place） | 便利（Convenience） | 反应（Respond）——提高对市场的反应速度 |
| 促销（Promotion） | 沟通（Communication） | 关系（Relationship）——重视顾客的互动关系 |

### 3. 网络营销与传统营销相比具备的优势

随着互联网的应用和发展，作为一种全新的营销方式，网络营销具有很强的优势和吸引力。

（1）网络营销更关注消费者的变化，以满足消费者的个性化需求。网络营销是一种以消费者为导向，强调个性的营销方式。其最大特点在于以消费者为主导，消费者将拥有比传统营销更大的选择自由，可根据自己的个性需求在全球范围内寻找满足品，不受地域限制。消费者可以通过进入感兴趣的企业网站或虚拟商店获取更多的产品与相关信息，使购物更显个性化。同时，消费者可以自行定制所需的产品，参与产品的设计。

（2）网络营销能更有效地服务于消费者，更好地满足消费者的需要。在建设网络营销站点时可设置备有答案的自动应答器，自动解答消费者的一些常见问题，不需要营销人员重复地回答这些问题，这既节省了营销人员的时间，也降低了营销中的促销和流通费用。通过网络，消费者可以足不出户满足购买需求，提高购物效率。

（3）网络营销具有极强的互动性，有助于实现企业的营销目标。网络营销从产品信息的搜索、营销策略的制定、产品销售的实现到售后服务的一气呵成，是一个全程的营销。可使企业了解国际市场同类产品的相关信息，收集到消费者的即时信息。企业可以通过博客、在线社区、电子邮件等方式加强与消费者之间的联系，有效地了解消费者的需求信息，从而建立数据库进行管理。这些信息，为企业所要进行的营销规划提供依据，提高消费者与企业间的互动性，帮助企业实现销售目标。

（4）网络营销有助于企业降低成本，增加竞争优势。通过互联网进行信息交流，减少了营销的印刷与邮递成本，降低了采购成本。通过网络媒体进行市场调研、发布广告等也减少了营销人员的差旅费用和促销费用。

（5）网络营销能够帮助企业增加销售商机、促进销售，提高市场占有率。互联网络可提供全天候的广告及服务，帮助企业增加销售机会；可以将广告与订单连在一起，方便消费者购买，实现促进销售的目的；可以联通国际市场，消除影响销售的时间和空间障碍，利于企业走出国门，提高市场占有率。

**思考探索**

　　网络营销和传统营销没有本质区别，对吗？网络营销能取代传统营销吗？

## 三、网络营销的产生和发展

### 1. 网络营销的产生

　　20世纪90年代初，飞速发展的国际互联网（Internet）促使网络技术应用成指数增长，全球范围内掀起应用互联网热，世界各大公司纷纷上网提供信息服务和拓展业务范围，积极改组企业内部结构和发展新的管理营销方法，而网络营销是随着互联网信息技术发展起来的产物。

　　（1）互联网的发展促进网络营销的产生。

　　信息技术的发展是网络营销产生的技术基础。互联网的发展、庞大的网民群体和不断增加的上网企业为网络营销的产生奠定了坚实的基础。据中国互联网络信息中心（CNNIC）官网显示，其在京发布了第52次《中国互联网络发展状况统计报告》，报告显示截至2023年6月，我国网民规模为10.79亿人，互联网普及率达76.4%；我国手机网民规模达10.76亿人，较2022年年底增长1 109万人，网民使用手机上网的比例达99.8%；我国网络支付用户规模达9.43亿人，较2022年12月增长3 176万人。网络购物市场保持较快发展，下沉市场、跨境电商、模式创新为网络购物市场提供了新的增长动能。在地域方面，以中小城市及农村地区为代表的下沉市场拓展了网络消费增长空间，电商平台加速渠道下沉；在业态方面，跨境电商零售进口额持续增长，利好政策进一步推动行业发展；在模式方面，直播带货、工厂电商、社区零售等新模式蓬勃发展，成为网络消费增长新亮点。

　　中国互联网行业整体向规范化、价值化发展，同时，移动互联网推动消费模式共享化、设备智能化和场景多元化。

　　（2）消费者价值观的变革是网络营销产生的观念基础。

　　从理论上看，没有一个消费者的心理是完全一样的，每一个消费者都是一个细分市场，个性化消费必将促使企业制定新的营销策略。

　　（3）激烈的竞争是网络营销产生的现实基础。

　　网络营销产生的现实基础是商业竞争的日益激烈化。市场竞争已不再依靠表层的营销手段的竞争，更深层次经营组织形式上的竞争已经开始。企业开展网络营销，可以节约大量的店面租金，可以减少库存商品的资金占用，可以使经营规模不受场地限制，可以方便地采集客户信息，等等，网络营销的产生可谓给企业经营者带来了福音。

总之，网络营销的产生有其技术基础、观念基础和现实基础，是多种因素综合作用的结果，网络营销市场上蕴藏着无限商机。

### 2. 网络营销的发展历程

我国的网络营销大致经历了五个发展阶段，且仍处于快速发展中。

（1）网络营销的传奇阶段（1997 年之前）。

中国网络营销诞生的时间大致为 1997 年。这一阶段大多数企业对于网络几乎一无所知，而尝试利用网络的企业对网络营销的概念和方法不明确，对其能否产生效果也是不确定的。在 1997 年之前，国内的网络营销相对比较初级，尚未形成有影响力的网站及网络营销应用。

（2）网络营销的发展应用阶段（2001—2004 年）。

这一阶段，网络营销服务市场初步形成，企业网站建设发展迅速，专业化程度越来越高；网络广告形式不断创新，应用不断发展；搜索引擎营销向更深层次发展，形成了基于自然检索的搜索引擎推广方式和付费搜索引擎广告等模式；网络论坛、博客、RSS、聊天工具、网络游戏等网络介质也不断涌现和发展。

（3）网络市场形成和发展阶段（2005—2009 年）。

这一阶段，第三方电子商务服务市场形成，网络营销认识与需求逐步提高，服务专业化，资源广泛，新概念、新方法不断涌现。

（4）网络营销社会化转变阶段（2010—2015 年）。

在网络营销社会化转变阶段，社交平台及营销应用占市场主导方向，移动网络营销、微信公众号、微营销占据主导地位，博客、论坛等营销为辅的营销时代来临，"互联网+"、O2O 电商体系冲击，带动网络营销纵向发展。

（5）网络营销多元化与生态化阶段（2016 年后）。

2016 年之后的网络营销环境呈多元化，即网络营销渠道多元化、网络营销方法多元化、网络营销资源多元化、社会关系网络多元化等。与多元化相对应的是分散化，即传统的主流网络营销方法重要程度下降，多种新型网络营销方法，尤其是基于手机的网络营销方法不断涌现。其也表现为网络营销分散化程度继续提高，PC（个人计算机）网络营销与移动网络营销的融合速度越来越快，融合程度也越来越高。内容营销进入高级阶段。传统的内容营销形式，如许可 E-mail 营销、博客营销、微博营销等，在移动互联网环境下不断发展演变，从内容形式及营销模式方面继续创新，以用户价值为核心的理念进一步得到体现。网络营销思想及策略不断升级，如基于网络营销生态思维的用户价值营销策略在实践中不断完善，网络营销思想的层次也将在实践中进一步提升。

### 3. 网络营销发展趋势

网络营销发展呈现出多种趋势，主要表现为以下几点：

（1）移动营销常态化。一说起移动营销，人们不是想到移动互联网平台的应用，而是想到要如何把它做得更精准、更具价值。也就是中小企业必须适应移动界面和与用户沟通的触点，制定出精准的移动营销策略。

（2）网络营销社交化。社交网络不仅是连接人们生活的工具，更是人们获取外界信息的重要渠道，也是一种社会化媒体。

（3）内容营销主流化。内容营销在"人人都是自媒体"的时代显得更加重要。内容营销就是"让普通人影响普通人"，从而产生情感共鸣，以实现网络营销的价值。例如，耐克以马拉松为主题，拍摄了广告片"Last"——向最后一名马拉松运动员致敬！这个广告片的画面很简单：一场马拉松比赛即将结束，工作人员已清理现场，但有一个参赛的女孩虽落在了最后，仍在坚持向前跑。

（4）网络营销可视化。近年来，越来越多的网站和第三方平台提供了流媒体直播的功能。通过语音搜索与图片搜索及流媒体直播功能，可以帮助顾客发现产品，特别是视频直播将为各大品牌和个体利用，也势必推动从线下到线上（或从线上到线下）的消费者路径。可以说一张好图胜过千言万语，网络营销越是通过图片和语音将企业的产品展现在消费者面前，就越能唤起消费者的关注与购买。

（5）网络营销趋于实时化。随着高清视频、直播、VR、AR、物联网等新兴互联网重度应用的崛起以及内容资源的不断丰富，移动用户数量及固网宽带接入数都得到了迅速增长，拉动互联网访问流量大规模增长，驱动互联网内容服务商和运营商在内容、网络推广等方面加大营销力度。

（6）网络营销趋于理性化。网络顾客越来越趋于理性化，购买与消费行为增强，头脑冷静、擅长理性分析，善于综合分析如价格、性能、质量、维护、可靠性等许多因素之后再做决策。因此，忽视顾客理智与情感的传统型营销策略必然会受到强烈冲击。

（7）网络营销趋于数据可视化。企业通过数据化工具可以分析，谁在什么时候买了什么，为什么会买，以及企业怎样宣传才能达到最佳的购买效果。品友互动 DSP（数字信号处理）平台不仅提供 PC、视频、移动三类产品，更可实现三类产品跨屏优化投放，帮助广告主通过基于数据的人群定向技术实时竞价，获得广告曝光机会，将广告投放到目标受众，大幅提高广告效率。

（8）网络营销趋于小众市场化。网络消费者数目大致保持稳定，但是成千上万的新企业都会涌入这个行业来分一杯羹，在内容分享和社交媒体市场中表现更为明显。因此，企业一定会将目标着眼于更明确的小众市场，用一些特定的标题来吸引一些小众用户，尝试投放更加精准乃至针对个人的内容和广告。

（9）网络营销趋于融合化。目前手机跟电脑已经不密不可分了，手机跟电脑完成的工作是一样的，只有少部分工作必须在电脑上完成。网络营销模式是多种模式的融合，移动互联网营销价值是不可估量的。例如，大家常用的QQ原来是电脑上线时手机必须下线，现在可同时在线，在手机上线还是在电脑上线已经不重要了，总之是在线用这个工具，而这个工具在为企业提供服务、创造价值。

**思考探索**

网络营销能做哪些事情呢？它将何去何从？

## 知识单元2　网络营销核心框架构建

### 单元导读

近年来，随着现代信息技术的不断发展，网络营销模式不断变化，但网络营销没有改变的本质实际还是信息传递，即企业如何运用现代新技术开展营销。如今互联网及移动互联网营销更加成熟与火热，其生态体系也逐步完善。那么企业要如何开展网络营销呢？更实际的问题就是要有互联网思维及创新创意的行动。

### 知识学习

#### 一、网络营销思维与创意创新

##### 1. 网络营销思维

从网络营销的发展历程来看，每个重要的历史阶段都会伴随相应的指导思想和思维模式。从思维模式方面看，网络营销大致经历了四个层次：技术思维（2000年以前）、流量思维（2001—2009年）、粉丝思维（2010—2014年）、生态思维（2015年以后）。

##### 2. 网络营销的创意创新

没有创意就不能吸引顾客眼球，网络营销就是要将企业的产品与服务做到让顾客眼前一亮，吸引顾客眼球，从视觉上形成眼球经济。所以一个企业在开展网络营销时，必须有别具一格的创新与创意，要根据自身产品特性与创意创新来决定自己的目标消费人群。

目前，企业营销模式同质化，再加上移动互联网及社交媒体的普及，每人每天看到的信息量太多太杂，这要求企业必须创新营销模式来化解顾客的痛点，如 Uber 和 Airb&b 模式。因此，企业的市场反应要快，产品迭代要快，服务跟进要快；企业的产品必须在好的基础上突出创意与创新，不然 App、微信公众号随时会被下架、删除或取消关注。正如年轻人创业，实际上是因为他做的是赶潮流的事；对年龄大的老板们来讲就是创新，当然也有来自理论与实践的新产品、新技术、新模式。再如淘宝等，为集聚人气，通常以限时限购或秒杀为手段，对某些商品进行低价销售，将这种低价网络营销演绎到极致，表面的成本低或不计成本却为企业带来了极大的库存清仓或资金回笼的回报，这也是在运用秒杀活动做创新。在 2010 年前后，搜索引擎营销效果还是非常显著的，很多中小企业从中获利。但在后百度整改时代，因为每天巨额的广告投入，搜索引擎不再是中小企业的最佳选择，特别是在移动互联网的普及应用下，创新移动端新媒体营销推广，利用大数据、自媒体等新营销方式开展营销活动是当务之急。

**思考探索**

互联网思维能够为传统行业或企业带来哪些变革？

## 二、网络营销体系

### 1. 网络营销内容体系

网络营销信息传递遵循的一般原则是网络营销信息源的有效性，即建立有效的信息传播渠道，为促成信息的双向传递搭建平台。网络营销内容体系也是围绕这一信息传递的目标来架构的。原有的网络营销内容可分为网上市场调查、网络消费者行为分析、策略的制定、网络产品和服务策略制定、网络渠道选择与直销、网络促销与网络广告管理和控制等。现在网络营销的内容体系从企业网络营销应用出发，主要包含以下四个方面：

（1）网络顾客购买行为分析：了解顾客需求、掌握顾客购买行为和决策。

（2）网络市场分析：从网络市场环境分析入手、分析网络竞争对手、开展网络市场调研、进行网络市场细分与定位。

（3）网络营销策略：从 4P 策略到 4C 策略再到 4R 策略，掌握网络推广策略、搜索引擎优化、新媒体营销、微营销等。

（4）网络营销效果评估：包括网店与网站营销效果评估。

## 2. 网络营销方法体系

为了更好地实现网络营销职能，需要通过一种或多种网络营销方法来完成。随着网络工具的发展变化，网络营销方法也不断增加。一般网络营销方法有无站点网络营销和基于网站的网络营销，如图 1-3 所示。

可以说，随着互联网的发展，网络营销工具也愈发多样，沿袭工具体系将不足以把握网络营销的思想核心，企业及营销人员需要以思维模式来构筑新的体系。内容营销、网络广告、社会化营销、生态型营销以及合作分享营销，是现今网络营销的核心。

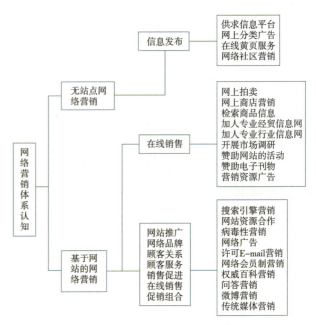

图 1-3 常用网络营销方法体系

## 三、网络营销的核心问题

网络营销的核心问题是如何抓住客户，如何利用网络营销的内容与服务来黏住客户，解决用户黏性的问题，如何通过沟通与分享来调动客户参与营销活动，如何利用社群及生态链实现营销价值的关联。用户连接决定企业网络营销的胜败，如图 1-4 所示。

图 1-4 网络营销用户连接的发展阶段

## 四、企业做好网络营销的关键环节

（1）做好战略定位规划和盈利模式选择。凡事"预则立，不预则废"，只有对网络市场、竞争对手、目标客户、自身企业品牌与优势进行洞察分析，才能科学合理地做好战略定位与规划；才能根据不同的网上零售、跨境贸易、招商、自建平台来挖掘盈利模式，明确网络营销工作的阶段步骤；才能科学合理地规划出公司网络营销模式，提炼出独特的销售主张（USP）、明确的发展阶段步骤、合理的规划团队、清晰的投入和预期收益等。也只有厘清了思路、明确了方向，方能"做正确的事，正确地做事"，实现企业持续盈利能力的增长，彻底解决企业网络营销难题，获得突破性增长，实现超常规的发展。

（2）做好营销型网站建设和第三方平台店铺展示系统。"网站打天下，转化率是核心！"。企业网站或第三方平台是开展网络营销工作的基础。

要使网站溢价增值，脱离同质化，实现集销售力、公信力、传播力于一体，有效提升转化率，成为真正的营销利器，须以客户体验为核心。关于企业营销型网站，技术永远是为思想、为营销服务的！必须先从营销角度来看待、规划网站，然后利用技术来实现。综合营销战略、客户体验、建站功能技术、SEO（搜索引擎优化）等范畴，在分析行业、企业、客户、竞争对手的基础上，从网站定位、网站结构、视觉表现、销售力、传播力、公信力、技术功能这七大优秀网站（网店）必备因素入手，这样才能建设一个真正的转化率高的营销型网站。

（3）开发塑造企业互联网品牌。要使企业的产品服务等信息在自建网站或第三方平台中有冲击力和销售力，必须通过产品和品牌的开发策划运作，扩大与同类竞品的差异化，通过软文发布等突出产品品牌的核心价值。

网站销售力主要体现为网站内容整体策略、网站品牌背书文案、网站服务产品销售文案、资讯内容、网站广告文案等方面的内容，尤其是网站产品服务文案。

商品展示是网站规划的核心要素，能不能打动用户，主要就看产品页面是否具备强有力的销售力。商品展示的销售力，关键就在于提炼产品的核心卖点——USP，然后利用图、文、视频等形式强化核心卖点。

另外，就是网站关于公司和品牌或者企业文化等方面的内容也要有公信力，千万不要随意夸张，让客户不信任。

加强网络运营推广传播。网络推广是指利用互联网（或移动端）向目标受众传递有效信息。

①从传播过程来说，网络推广要经过三个步骤：首先，确定目标受众，即向谁说。其次，策划传播内容信息，即说什么。最后，确定采取什么方式推广，即怎么说。只有经过这三个有机组合的策划，才能构成一个成功的传播案，达到传播的目的。

②从传播方式来看，网络推广可分为活动创意、话题事件、信息发布、互动游戏、线上线下互动营销、SEO、论坛社群、创意软文、图片视频、多媒体等。

③从传播管道来看，网络推广可分为 SEM（搜索引擎营销）、SEO、论坛推广、博客推广、微博推广、新闻软文推广、B2B 平台推广、电子书推广、邮件推广、广告投放、广告联盟等各种各样的传播管道形式。

（4）做好网络营销数据分析。进行一系列网络营销工作后，就要评估网络营销的效果，看其销售的转化率。而数据统计分析与效果评估，就是将网络营销系统各环节有机整合的重要环节，数据可以让我们及时发现问题，进而调整企业网络营销策略、解决问题，提升整体运营效率。通过进行涵盖搜索引擎排名监测分析、网站访问统计分析、网站咨询统计分析、网站销售统计分析等一整套科学数据分析，可以提升企业网络营销运营策略和效率。

重视并用好数据监测统计分析，是提高网络营销效率、优化网络营销效果的重要一环。毫不夸张地说，数据分析是网络营销的支点，利用好能产生巨大的能量。

（5）强化网络营销团队建设，包含项目经理、美工设计、运营推广、客服等团队建设。网络营销项目运营是一个完整的系统，必须要有一个统一的策略来统筹全局，思路清晰、策略目标明确，日常执行要形成规范化，这也是项目运营规划，可加强团队的运营管理。至于运营团队需要多少岗位，各岗位的职责权限怎么规划，岗位招聘、培训、薪酬、考核、激励怎么进行，等等，也需要依托总体战略来配置组建和管理。不同的网络营销策略模式，需要的人员是完全不同的。同时，在企业或行业抱团的基础上，要注意做好合作伙伴的利润分配。

（6）健全客服销售体系。网络营销客户沟通是整个运营体系中一个关键的环节。事实上，在线客服人员在一定意义上更多地承担的是一个销售人员的角色，这就需要客服人员必须专业，对企业的产品与服务细节了如指掌、全面把握，并具备较强的网上销售技巧与能力。

总之，不论什么类型、什么规模的企业，也不论其网络营销项目的大小如何，要想其效果好必须首先从项目角度去审视，从项目策略规划、网站规划、传播规划、数据分析、团队组建、日常运营维护、团队管理等方面系统整合，只有这样才能使网络营销工作达到一定的效果。

**思考探索**

　　网络营销的核心问题是抓住客户，解决客户黏性的问题吗？企业开展网络营销活动的关键环节又有哪些方面？

# 任务实训

## 任务 1　体验身边的网络营销

### 【任务描述】

　　小李所在的公司是一家生产休闲食品的小型传统企业，小李在公司做了两年的营销员，面对激烈的市场竞争，他感到压力越来越大。经常上网娱乐的小李无意之中看到"2022年上半年中国中小企业网络营销调查报告"，这使他产生了向老板建议开展网络营销的念头。可对网络营销知之甚少的他，该如何说服老板呢？

## 【任务要求】

要求学生以小组为单位完成实训任务，帮助小李完成任务。在实训中充分讨论，最终提炼出结论。通过实训，让学生能够理解网络营销的含义、特点、功能，并比较网络营销和传统营销的不同点。

## 【任务分析】

小李觉得要说服老板开展网络营销，首先应该找一找身边的成功典型，考虑到老板比较保守，这些典型应该是与本公司规模相当，最好还是做食品的同行，接着从大的方面给老板说说全国中小企业开展网络营销的情况；另外，再给老板介绍一下网络营销的含义、特点、功能等。有了这些前期的准备，凭借两年营销员锻炼出来的沟通能力，小李相信自己一定能够说服老板。

## 【任务实施】

步骤一：根据分好的小组给每个团队分配学习任务，进行学习交流20分钟，完成表1-2、表1-3；

步骤二：每个小组派一个代表阐述本组学习的成果，以起到共同学习的效果；

步骤三：老师带领学生总结，并做出评价。

表1-2　体验身边的网络营销

| 序号 | 你经常去的购物网站 | 你通过什么渠道知道这些网站 | 这些网站有过哪些网络营销活动 |
|---|---|---|---|
| 1 | | | |
| 2 | | | |
| 3 | | | |
| 4 | | | |
| 5 | | | |

表 1-3　网络营销基础知识

| 序号 | 网络营销含义 | 网络营销特点 | 网络营销功能 | 网络营销与传统营销的区别 |
|------|------------|------------|------------|----------------------|
| 1 | | | | |
| 2 | | | | |
| 3 | | | | |
| 4 | | | | |
| 5 | | | | |

## 【任务总结】

请对本次实训任务进行总结

收获与成长：

_____

_____

_____

问题与困难：

_____

_____

_____

## 【任务评价】

对本次工作任务实施情况、完成态度、团队合作进行评价，填写过程评价（表 1-4）。

表 1-4　任务评价表

| 评价项目 | 评价内容 | 分数 | 评价说明 | 自我评价 | 小组评分 | 老师评分 |
|---------|---------|------|---------|---------|---------|---------|
| 任务实施（60分） | 体验身边的网络营销 | 20分 | 自主思考、总结、分析 | | | |
| | 网络营销的含义、特点、功能 | 20分 | 清楚地说出网络营销含义、特点、功能 | | | |
| | 网络营销与传统营销的区别 | 20分 | 清晰地区分网络营销与传统营销的区别 | | | |
| 工作技能（20分） | 网络营销渠道调研 | 10分 | 对网络营销活动进行全面、细致调研 | | | |

续表

| 评价项目 | 评价内容 | 分数 | 评价说明 | 自我评价 | 小组评分 | 老师评分 |
|---|---|---|---|---|---|---|
| 工作技能<br>（20分） | 思考总结 | 10分 | 根据相关资料，结合身边的网络营销，思考归纳总结网络营销的含义、特点、和传统营销的区别 | | | |
| 职业素养<br>（20分） | 团队协作 | 5分 | 快速地协助相关同学进行工作 | | | |
| | 沟通表达 | 5分 | 主动提出问题，快速有效地明确任务需求 | | | |
| | 认真严谨 | 10分 | 充分运用数据进行决策、优化策略 | | | |
| 计分 | | | | | | |
| 总分（按自我评价30%，小组评价30%，教师评价40%计算） | | | | | | |

## 项目练习

### 一、判断题（正确的打"√"，错误的打"×"）

1. 互联网是网络营销产生的观念基础。（    ）

2. 消费者价值观的改变是网络营销产生的现实基础。（    ）

3. 网络营销可以有效地服务于顾客，满足顾客的需要。（    ）

4. 任何商品都能在网上销售。（    ）

5. 网络技术的发展将更有利于商品的销售。（    ）

6. 网络营销与传统营销都是企业的一种经营活动，都是为了实现企业的经营价值。（    ）

7. 网络营销就是在互联网上进行销售。（    ）

8. 网络营销是手段而不是目的。（    ）

9. 网络营销和传统营销没有任何区别。（    ）

10. 网络营销就是电子商务。（    ）

### 二、单项选择题

1. 参与交易的各方通过互联网络可以传输文字、声音、图像等多种媒体的信息，因而为达成交易进行的信息交换可以用多种形式进行，能够充分发挥营销人员的创造性和能动性。这体现了网络营销的（    ）特点。

A. 跨时空           B. 多媒体           C. 高效性           D. 互动性

2.使交易的双方能够通过互联网进行信息交换，代替传统的面对面的交易方式，可以减少印刷与邮递成本，进行无店面销售而免交租金，节约水电与人工等销售成本，同时也减少了由于多次交换带来的损耗，提高了交易的效率。这是网络营销的（　　）特点。

A.跨时空　　　　　B.多媒体　　　　　C.高效性　　　　　D.经济性

3.简单来说，网络营销就是以（　　）为主要手段，为达到一定的营销目的而进行的营销活动。

A.电视　　　　　B.报纸　　　　　C.互联网　　　　　D.广播

4.关于网络营销的说法，下列不正确的是（　　）。

A.网络营销是企业整体营销战略的组成部分

B.网络营销离不开现代信息技术

C.网络营销等同于网上销售

D.网络营销不等同于电子商务

## 三、分析题

1.比较分析网络营销与传统营销的异同点。

2.网络营销能为企业做哪些事情？

3.网络营销的核心问题是什么？

4.网络营销的含义。

5.网络营销有什么特点？

6.理解网络营销概念的同时还应注意哪些方面的问题？

## 项目小结

网络营销就是以互联网为基础，利用数字化信息和网络媒体的交互性来实现营销目标的一种新型市场营销方式。网络营销是企业整体营销战略的组成部分，它不是单纯的网上销售，而是对企业现有营销体系的有力补充。网络营销定义体现了一些新的特点：①体现了网络营销的商业生态思维；②突出了网络营销中人的核心地位；③强调了网络营销的最终顾客价值；④延续了网络营销活动的系统特性。

网络营销与传统营销既有联系又有区别，网络营销是4C营销理论的必然产物，更是4R营销理论的具体体现。企业开展网络营销不仅要具备互联网思维，更要具有创意与创新的行动。网络营销的核心问题是如何抓住客户，如何利用网络营销的内容与服务来黏住客户并解决用户黏性的问题，如何通过沟通与分享来调动客户参与营销活动，如何利用社群及生态链实现营销价值的关联。

# 项目二　网络营销市场分析

## 项目引言

市场是由一切具有特定的欲望和需求，并且愿意和能够以交换来满足其欲望和需求的潜在顾客组成的。市场本来是指买卖双方聚集交易的场所。而市场营销者认为，卖方构成了行业，买方构成了市场。卖方把商品或劳务送至市场，并与市场取得沟通；买方把货币和信息送至企业。

全新的网络化的市场时代，企业通过互联网在网络虚拟市场——网络市场上开展营销活动。网络市场是由网络上的企业、政府组织和网络消费者组成的市场。我们探讨网络营销活动，应首先从研究网络市场、网络市场的消费者和影响网络消费者购买行为的因素等问题入手。

## 项目目标

学习目标：

1. 了解网络消费者具有不同于传统消费者的需求特征，对网络目标消费者进行分析；

2. 掌握网络营销市场的要素特征，对网络营销市场进行分析；

3. 通过网络营销市场分析，学会运用分析工具规划网络目标市场定位战略；

4. 能够分析网络消费者需求特征；

5. 能够掌握网络营销环境分析法和平台选择；

6. 具备根据网络市场分析进行企业网络目标市场定位的能力。

素养目标：

1. 培养与时俱进的时代精神，推进绿色发展观念；

2. 具备网络营销思维和创意创新意识；

3. 具备洞察网络市场及消费需求变化的思维。

## 知识导图

```
                                    ┌ 网络消费者需求分析
                    网络目标消费者分析 ┤ 网络视觉营销下的消费者购买行为分析
                                    └ 网络消费者心理价格分析

                                    ┌ 中国网络市场概述
网络营销市场分析 ─── 网络营销环境分析 ┤ 网络竞争对手分析
                                    └ 网络营销平台分析

                                    ┌ 网络目标市场细分
                    网络目标市场概述 ┤ 网络目标市场选择
                                    └ 网络目标市场定位
```

## 案例导入

### 菏泽归来不看花，"云端"牡丹别样美

在"中国牡丹之乡"的山东菏泽市，2022年当牡丹盛花期来临时，当地采取"'5G+VR'720°全景慢直播""云见证百年牡丹盛开"以及多平台24小时不间断播出等多样直播方式，推出了"云赏牡丹"系列网络直播活动，让海内外游客在云端也能身临牡丹文化艺术的海洋。

云端绽放的牡丹在促进牡丹系列产品火爆的同时，还带动了相关产业的繁荣发展。一些县区纷纷借势推介中国牡丹之都系列商品销售，如定陶区采用"云直播"形式举办"玫瑰风情节"，加大玫瑰茶、玫瑰糕等玫瑰深加工产品推介力度，带动玫瑰产品销售8 000余吨，总收入约2.3亿元。据不完全统计，牡丹节会期间，菏泽市共举办各类直播活动1.5万场次，销售量超3 000万单，销售额达14.74亿元，在激发了消费活力的同时，有效带动了相关产业发展。

资料来源：http：//www.sdxc.gov.cn/waplm/bjjx/202207/t20220710_10511850.htm

案例分析：创新直播方式，牡丹田里开直播，牡丹鲜花"预约"卖。为了满足客户详细了解牡丹开花形态、植株长势和品种等专业需求，各牡丹企业打破传统的现买现卖的直播模式，采取春季看花全款预定，免费大田保质托管、秋季适时快递发货的预订直播带货方式。互联网＋牡丹的宣传销售模式为菏泽牡丹发展插上了腾飞的翅膀，牡丹的馥

郁芬芳通过网络散播到全国各地，吸引海内外宾朋在"云端"之上一睹牡丹芳容。这是牡丹"电子化"的一次胜利，也是"数字经济时代"给人们的新启示。

菏泽"云赏牡丹"沉浸式直播，打破传统思维，全面展现以牡丹为主题的文化、旅游、艺术、产业全链条资源产品，无论是互联网＋牡丹的宣传销售模式，还是对客户的精准定位，都展现出网络营销的强大功能和影响力。从该案例可以看出，网络营销环境、消费者、营销手段在不断创新，企业要想通过互联网与消费者互动，首要任务是对网络营销市场进行分析，从而有针对性地设计营销战略。

## 素养园地

"树高千尺，必有根基；水流万里，定有源泉。"坚守初心，铭记信仰，这是我们广大青年不断前进的根本动力。潍柴集团和谭旭光同志，用坚定的信念，持之以恒搞研发，百折不挠创事业，终于实现了潍柴从无到有、从小到大的辉煌历程。他们经受住了时间和市场的考验，让潍柴品牌走向了世界。

"以铜为镜，可以正衣冠；以史为镜，可以知兴替；以人为镜，可以明得失。"潍柴和谭旭光同志的先进事迹犹如一面面镜子，直射我们的心灵深处，激励着我们前行。作为新时代的青年人，要对标先进，见贤思齐，锐意进取，以昂扬的精神状态担起新时代的历史使命。青春之路就在脚下，要坚定理想信念，志存高远，脚踏实地，勇做新时代的弄潮儿。

# 知识单元1　网络目标消费者分析

## 单元导读

在网络消费市场中，网络消费者是最主要的组成部分，也是推动网络营销发展的主要动力。网络消费者的现状决定了网络营销的发展路径和趋势。因此，要做好网络营销工作，就必须对网络消费者的群体特征、需求特征、行为特征进行深入分析，以便在此基础上进行市场细分、目标市场选择和市场定位。

**知识学习**

## 一、网络消费者需求分析

### 1. 网络消费者概况

根据中国互联网络信息中心（CNNIC）发布的最新《中国互联网络发展状况统计报告》显示，截至2023年6月，我国网民规模达10.79亿人，较2022年12月新增网民1 109万人，互联网普及率达到76.4%，较2022年12月提升0.8个百分点，具体如图2-1所示。2020年至2023年期间，我国互联网行业在抵御新冠疫情和疫情常态化防控等方面发挥了积极作用，为我国成为全球唯一实现经济正增长的主要经济体，国内生产总值（GDP）首度突破百万亿，圆满完成脱贫攻坚任务做出了重要贡献。

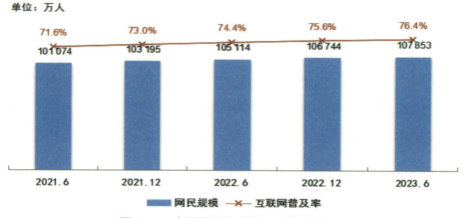

图2-1　中国网民规模和互联网普及率

数据来源：CNNIC中国互联网络发展状况与统计调查。

在这些网络用户中，男性、女性用户比例分别为51.4%比48.6%，这与我国人口性别比例较为接近，同时，城市用户仍占绝大多数，占比达71.1%。在年龄结构上看，20～49岁的用户占了绝对优势，占比达52.5%，而值得注意的是，40～59岁网民群体占比由2022年12月的33.2%提升至34.6%，显现出互联网进一步向中老年群体渗透（图2-2）。

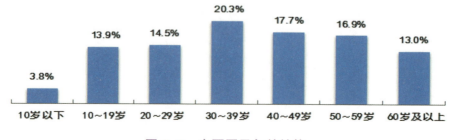

图2-2　中国网民年龄结构

数据来源：CNNIC 中国互联网络发展状况与统计调查。

### 2. 网络消费者的类别

网络消费者是指某些特定的消费人群在互联网上通过网络交易市场进行购物和消费活动的消费者人群。网络消费者可根据消费习惯和自身特征分为六类：单纯型、冲浪型、接触型（又称接入型）、议价型、商务型和娱乐型（又称运动型）。

（1）单纯型。

单纯型的网络消费者需要的是快捷高效的网上购物。他们上网时间不多，每月只花约 7 小时上网，但在网上的交易量却很大，大约占 50%。为了满足这类消费者的网络购物需求，提供更多便捷的服务，设有购买建议和多重选择的界面非常重要，同时也必须保证订货、付款系统的安全。因此，商家的网络营销活动的核心就是必须为这一类型消费者提供真正的便利，让他们觉得在你的网站上购买商品将会节约更多的时间。例如，提供一个易于搜索的产品数据库，为他们节约更多的时间，以保持顾客忠诚度。

（2）冲浪型。

冲浪型的网络消费者在人数上占常规网民的 8%，但他们在网上花费的时间却占了整个网络流量的 32%。虽然他们访问的网页是其他网民的 4 倍，但是其网络消费交易量不大。冲浪型网络消费者更注重视觉冲击力，常常会更加关注更新颖、具有创新设计特征的网站，因此商家网络营销推广的重点就是不断提高网络营销模式的视觉创新，用来刺激此类消费者消费。

（3）接触型。

接触型的网络消费者是刚触网的新手，在人数上占 36%。他们喜欢网上聊天和关注新产品的发布，但是网上交易行动并不活跃。因为这些消费者的上网经验不是很丰富，一般对网页中的简介、常见问题的解答、名词解释、站点结构之类的链接会更加感兴趣。他们更愿意相信自己熟悉的品牌，所以商家们应根据这类消费者的消费习惯，更加重视自身品牌在网络上的营销推广。

（4）议价型。

议价型的网络消费者占总体网络消费者人数的 8%，eBay、淘宝网等多数主流购物网站 50% 以上的消费者都属于这一类型，他们在人数上只占 8%，但是网络消费行为活跃，喜欢讨价还价，并有强烈的愿望在交易中获胜，而且价格便宜的商品更能引起这种类型的网络消费者的兴趣。因此，商家们常常针对此类消费者做相应的特价、打折、赠送礼品等促销活动。

（5）商务型。

商务型的网络消费者以学历高、素质高的一线城市的中青年为主，他们都很有自己的主见，非常清楚哪类商品适合自己，哪类商品不适合自己，一般不为产品广告所左右，而且不轻易进行网络交易。所以商家们应该通过商品的独特性和高品位来满足这类网络消费者。

（6）娱乐型。

娱乐型的网络消费者更倾向运动和娱乐网站，以好奇心强的年轻人为主。这类消费者比较缺乏耐心，在进行网络活动时，通常会比较在意上网速度，如果网速较慢，他们会经常性地转换网站。这种类型的网络消费者购买意愿强，但交易量较低。当下，这批活跃的网民是非常重要的网络营销潜在客源。对于这种类型的网络消费者，商家们需要提高自己网站的娱乐新闻点和视觉兴趣点，用不断更新和紧扣时尚生活的各方面信息来锁住他们对自己网站的关注度，从而尽量争取销售产品的机会。

总之，随着网络营销的继续深入和发展，对于网络消费者行为特征的分析也会不断深入，这也将反作用于网络营销本身，推动其不断发展。

### 3. 网络消费者的需求特征

随着互联网商务和网络市场的快速发展、信息通信技术的不断更新，市场竞争日益激烈，选择越来越多，消费者不再是广告信息的被动接受者，而是产品信息的积极寻求者，这导致消费者的新消费理念和习惯逐步形成。其需求具有以下明显特征：

（1）注重自我，回归个性消费。

在近代，工业化和标准化生产方式的发展使消费者的个性被湮没于大量低成本、单一化的产品洪流中。进入21世纪以来，互联网的发展使消费品市场变得越来越丰富，消费者在进行产品选择时范围也更加广泛、产品设计也更加多样化，加之目前网络用户多以年轻群体为主，他们拥有不同于他人的思想和喜好，有自己独立的见解和想法，所以网络消费者的具体要求越来越独特，个性化越来越明显，整个市场营销又回到了个性化的基础之上，个性化消费成为消费的主流。因此，从事网络营销的企业应想办法满足其独特的需求，尊重用户的意见和建议，而不是用大众化的标准来寻找大批的消费者。

（2）消费需求具有更大的差异性。

不仅消费者的个性化消费使网络消费需求呈现出差异性，对于不同的网络消费者，因其所处的时代、环境不同，也会产生不同的需求，不同的网络消费者在同一需求层次上的需求也会有所不同。同时，每个消费者对产品的理解不同，希望从产品上得到的价值体现也存在相当多的差异性。所以，从事网络营销的厂商要想取得成功，必须在整个生产过程，即从产品的构思、设计、制造到产品的营销策划、品牌、附加值效应中认真思考这种差异性，并针对不同消费者的特点，采取有针对性的手段和措施。

（3）消费的主动性进一步增强。

网络消费者以年轻人为主，他们通常喜好新鲜事物，有强烈的求知欲，爱好广泛，无论是对新闻、股票市场还是网上娱乐都具有浓厚的兴趣，对未知的领域抱以永不疲倦的好奇心。网络的这些特征使得网络消费者在购买过程中表现出主动性比传统市场的更强，特别是在许多大额或高档消费中，网络消费者往往会主动通过各种可能的渠道获取与商品有关的信息并进行分析和比较。

（4）消费的参与性、体验性特征更显著。

传统的商业流通渠道由生产者、商业机构和消费者组成，其中商业机构起着重要的作用，生产者不能直接了解市场，消费者也不能直接向生产者表达自己的消费需求。而在网络环境下，消费者能直接参与生产和流通，与生产者直接进行沟通，更注重购买过程的参与体验，从而使市场的不确定性降低。

（5）消费者商品选择更理性化。

由于网络消费者以年轻人为主，不会轻易受舆论左右，对各种产品宣传有较强的分析判断能力；同时，网络营销系统巨大的信息处理能力为消费者挑选商品提供了前所未有的选择空间。因此，网络消费者的购买行为更为理性化，他们会利用在网上得到的信息对商品进行反复比较和理性分析，以决定是否购买。这就要求从事网络营销的企业加强信息的组织和管理，加强企业自身的文化建设，以诚待人。

## 二、网络视觉营销下的消费者购买行为分析

在我国电子商务快速发展的新形势下，网络购物已经成为重要的消费模式。网络购物规模不断扩大，特别是网络购物大军已经成为企业的重要支撑，因此绝大多数企业都高度重视网络营销，同时也针对网络消费者视觉行为进行研究分析，以网络视觉营销视角开展各种各样的营销活动。

### 1. 网络视觉营销下消费者购买行为分析的理论基础

对网络视觉营销下消费者购买行为进行分析的基础理论为视觉营销（Visual Merchandise Design，VMD）。根据全美零售业协会在 VMD 杂志中的阐述，该理论是一种为达成营销目标，将展示技术、视觉呈现技术与对商品营销的彻底认识相结合，与采购部门共同努力，将商品提供给市场，加以展示贩卖的方法。

根据所依附的媒介，视觉营销可分为传统视觉营销和网络视觉营销。传统视觉营销也就是在现实生活中消费者在实体店中所见到的商品的视觉摆设；网络视觉营销则是在虚拟的互联网购物平台所见商品的视觉摆设，它是现实生活中视觉营销的拓展。在电子商务快速发展的新形势下，我国很多企业都开展了网络营销，网络视觉营销也越来越被企

业关注和重视。鉴于网络视觉营销对消费者购买行为具有很强的冲击力，企业在开展网络营销的过程中，必须将网络视觉营销作为重要的组成部分，特别是要对消费者购买行为进行全面、深入、系统的分析，进而采取更加务实的网络视觉营销策略，最大限度地提升网络营销的整体水平，使营销活动取得实效。这就需要企业必须重视网络视觉营销下的消费者购买行为，有的放矢地开展网络视觉营销活动，只有这样才能使网络视觉营销取得新的、更大的成效。

### 2.影响网络视觉营销下消费者购买行为的因素

从网络营销角度来看，分析网络营销下消费者购买视觉行为主要是从网站对不同的网站设计给消费者带来的视觉冲击程度不同进行的。因此，我们分析网络视觉营销下消费者购买行为的影响因素时，应以网站对消费者的视觉冲击程度为视角，了解消费者视觉行为的关注点。一般地，网络购物平台根据对消费者视觉冲击的程度不同可分为无冲击型、冲击型和强烈冲击型三种。

（1）无冲击型。

无冲击型网络购物平台给消费者的整体感觉是结构。一般都功能齐备，虽然具备网站设计的一切要素，但无法吸引人的眼球。这类网站在结构上千篇一律，在颜色搭配上毫无生气，再加上没有创新型的设计元素，往往很难引起消费者的注意。这样的网站制作成本低廉，但消费者数量很少。

（2）冲击型。

冲击型网络购物平台给消费者的整体感觉是新颖别致，并且能带给消费者小小的需求波动，增强其购买欲望。产生这种冲击的因素来自很多方面：①设计新颖的整体布局。整个网站就足以吸引人的眼球，消费者的典型行为是愿意在自己感兴趣的商品上点击并拖动滑轮了解进一步的信息。网站整体的新颖包括布局结构的新颖、设计元素的多样化、色彩搭配的和谐等。②图片的精细化处理和信息的广度与深度。消费者在购买商品时往往对第一印象最为注重，而图片往往是消费者最先接触的视觉信息。图片的精细化处理并不意味着将图片夸张化，而是深化像素的精度。信息的广度与深度则体现了网络商家自身对商品的了解程度以及对消费者的最大诚信与专业负责的服务态度。③其他模块的添加。例如，音乐播放器、Flash 模块、相关视频等，都能在一定程度上让消费者体会到商家的用心程度。④商品自身因素的冲击，包括质量和价格等。

（3）强烈冲击型。

强烈冲击型网络购物平台带给人强烈的购物欲望，是冲击型的加强版，但这类网站的制作成本也比较高，因此，只有少数本身具有技术优势的商家会采用此类网站。

### 3. 基于网络视觉营销下的消费者购买行为分析的网络营销策略

通过上述分析，我们认识到，企业在开展网络视觉营销的过程中，必须采取更加有效的营销策略，通过卓有成效的改革和创新，提升网络视觉营销的实效性，进而使网络营销取得良好的成效。

（1）创新网络视觉营销理念。理念是行动的先导，企业在开展网络视觉营销的过程中，要根据不同的消费者购买行为采取不同的营销策略，只有这样才能使网络视觉营销真正取得实效。这就需要企业在进行网络视觉营销的过程中对自身的商品和服务进行深入的分析，同时对不同类型的消费者有深入的了解，将自身的商品与消费者购买行为进行有机结合，最大限度地提升网络视觉营销水平。例如，企业在开展网络视觉营销的过程中展示的商品必须与实物相符，而且要将其功能、特点以及自身的优势进行展示，这样才能够使不同类型的消费者根据自身的喜好进行选择，进而提升消费者对商品的黏度。

（2）改进网络视觉营销模式。从总体上来看，网络视觉营销是网络营销的重要组成部分，是根据消费者心理开展的网络商品展示，要想吸引不同消费者的购买心理，必须改进网络视觉营销模式。在这方面，企业要进行改革和创新，使自身的网络视觉营销与众不同，如在网络视觉营销的过程中，可以将文字、图片、视频等进行有效的搭配，提升视觉效应；针对不同类型的消费者，可以对网络视觉营销采取不同的策略，如对务实型消费者要采取务实的态度，对冲动型消费者要将商品的功能展示到位，等等。只有创新网络视觉营销模式，才能使网络视觉营销取得良好的成效。

（3）强化网络视觉营销冲击。网络视觉营销能够取得预期效果，能够符合不同消费者的购买行为，最为重要的就是要大力强化网络视觉营销的整体冲击力，这需要企业对网络视觉营销进行深入的研究，根据自身的商品进行设计。例如，目前一些汽车品牌在开展网络视觉营销的过程中，在视觉方面具有很强的冲击力，对于那些想要购置同类汽车的消费者来说具有很强的吸引力。总之，要想使网络视觉营销更加符合不同消费者的购买行为，必须提升网络视觉营销的冲击力，使消费者不忍"拒绝"。

（4）抓好网络视觉营销服务。在网络视觉营销环境下，要想取得更大的成效，还必须高度重视营销服务体系建设。目前很多企业在开展网络视觉营销的过程中不注重服务，缺乏与消费者的互动，对消费者提出的一些问题不能进行回复，这样必然无法吸引消费者。这就需要企业进一步创新营销服务，建立"互动"机制，如建立互动平台、QQ 平台、微信平台以及互动社区等，使消费者体会到企业对自身的重视，这会使很多消费者更加依赖企业。售后服务同样不可忽视，消费者购买商品之后，7 天之内可以退货，因而必须加强与消费者的沟通；对于消费者的一些问题要及时解决，这样也会增加消费者对企业的依赖，建立良好的客户关系。

## 三、网络消费者心理价格分析

与传统产品的价格相比，网络产品的价格具有一些新的特点：价格水平趋于一致，非垄断化，趋低化、弹性化和智能化。传统产品大多按成本定价，即以"生产成本＋利润"来确定。在这种价格策略中，生产厂家对价格起着主导作用。而网络产品更适用于按满足需求定价，即从消费者需求出发，结合产品功能和生产成本来确定一个市场可以接受的价格。

### 1. 网络消费者心理价格影响因素

价格虽然不是决定消费者购买的唯一因素，但仍然是影响其消费心理的重要因素之一。网上购物之所以具有生命力，重要的原因是网上商品价格普遍低廉。尽管商家都倾向以各种差别化来减弱消费者对价格的敏感度，避免恶性竞争，但价格始终对消费者的心理产生重要的影响。从消费者心理层面分析，网络环境下影响产品定价的因素主要有以下几方面。

（1）产品效用认知。

效用是指消费者从消费某种物品中所得到的满足程度。每一个消费者都希望购买到的产品效用最大化。对于消费者来讲，产品效用的大小意味着产品是否实惠，产品越实惠，消费者就越愿意支付较高的价格。网络零售商如能在效用上征服消费者，提高消费者的感知利益，那么他提出的价格便很容易被消费者接受，从而取得价格上的优势。

（2）产品成本认知。

消费者对产品成本的认知主要包括货币成本和非货币成本。货币成本是指消费者购买和使用产品所付出的直接成本和间接成本，非货币成本是指时间成本、精力成本。在网络环境下，信息不对称的情况在不断地减弱。因为消费者搜索信息的成本在不断地降低，产品的价格透明度也在不断地提高。在这种环境下，消费者对价格的认知能力也在不断地加强。消费者在购买和使用产品的过程中，如果认为要花费很多货币成本和非货币成本，就会降低对所购买产品的期望价格。因此，对于企业来讲，为了使消费者更容易接受产品的价格，就要加大宣传力度来提高消费者获得产品信息的可能性，在任何有可能的情况下吸引消费者的注意。

（3）产品价格认知。

消费者对产品价格的认知代表了消费者对感知到的利益和其在获取产品时所付出的成本之间权衡后对产品或服务效用的总体评价，消费者对产品价值的认知影响其购买意愿，消费者的感知价值和购买意愿成正相关。消费者对价格敏感性越低，就越愿意为购买此产品支付较高的价格。亚马逊曾利用消费者购买记录，帮助消费者找到自己想要的产品，使其购买通过技术支持变得尽可能快捷、轻松自如，为消费者创造一种独特的购物经历。

（4）对商家的信任度。

现在网上有不少价格比较、价格搜寻或购物蠕虫的软件专门替消费者在网上寻找最低价，但出人意料的是，并不是每个找到最低价的人都会以最低价成交，尤其是在购买小额商品时，如果差价不大，他们宁可选择自己较信任的网站成交。因为不同于在传统市场上钱货两清的交易方式，网上交易的风险较大，不少人不愿意冒这种风险。消费者如果在传统市场上对某个品牌比较信任的话，在同样品牌的网站就不太在乎合理的价格差异。传统市场的知名品牌在网上的定价可以比纯粹的网上零售商的同类产品的价格高8%～9%。

（5）购物的便利程度及购物经验。

较易浏览的网页，好用的搜索工具，客观的购物建议，详细的商品信息尤其是样本（如一本书的简介或章节、CD 的试听等，消费者往往会被商品介绍所吸引并顺便购买，也有消费者在这样的网站浏览信息再到价格低的网站购买，但这样耗时较多，所以并不普遍），方便的结算手续和快捷的交货，这些都会使商家在定价时有优势。研究发现，有些背景颜色能使消费者产生愉悦的情绪，进而影响他们的购物行为。同样，消费者在浏览过程中看到的商品的先后顺序也会影响他们的购买行为。

### 2. 考虑消费者的心理价格的典型定价策略

网络环境下消费者的地位发生了巨大变化，因此产品的定价要以消费者为中心，充分考虑消费者价格心理因素，从而采取有效营销策略。

（1）动态定价。

集合竞价模式，是一种由消费者集体议价的交易方式。在互联网出现以前，在国外主要是多个零售商结合起来，向批发商（或生产商）以数量换价格。互联网出现后，普通的消费者也能使用这种方式购买商品。动态定价策略针对的购买群体主要是消费者市场。因此，采用动态定价策略并不是企业目前首先要选择的定价策略，因为它可能会破坏企业原有的营销渠道和价格策略。因此，动态定价策略比较适合企业的一些库存积压产品，对企业的一些新产品也可通过动态定价起到促销作用，如许多公司将产品以低廉的价格在网上拍卖，以吸引消费者的注意。

（2）免费。

免费策略是市场营销中常用的营销策略，它主要用于促销和推广产品，这种策略一般是短期和临时性的。但在网络营销中，免费不仅是一种促销策略，还是一种非常有效的产品和服务定价策略。具体来说，免费策略就是将企业的产品和服务以零价格形式提供给顾客使用，满足顾客的需求。免费有这样几类形式：第一类是产品和服务完全免费，即产品（服务）从购买、使用到售后服务所有环节都实行免费；第二类对产品和服务实行限制免费，即产品（服务）可以被有限次使用，超过一定期限或者次数后，便取消这种免费服务；第三类是对产品和服务实行部分免费，如一些著名研究公司的网站公布部分研究成果，如果要获取全部成果必须付款成为公司客户；第四类是对产品和服务实行捆绑式免费，即购买某产品或者服务时赠送其他产品和服务。

（3）低价。

借助互联网进行销售，比传统销售渠道的费用低廉，因此网上销售价格一般来说比较低。由于网上的信息是公开和易于搜索比较的，网上的价格信息对消费者的购买起着重要作用。根据研究，消费者选择网上购物的原因，一方面是网上购物比较方便；另一方面是从网上可以获取更多的产品信息，从而能以最优惠的价格购买商品。

直接低价定价策略是指定价时大多采用成本加一定利润，有的甚至是零利润，因此这种定价在公开价格时就比同类产品价格要低。它一般是制造业企业在网上进行直销时采用的定价方式。

（4）定制生产定价。

定制生产就是把分析个性化服务特点作为网络营销服务策略的重要组成部分，按照顾客需求进行定制生产是网络时代满足顾客个性化需求的基本形式。定制生产定价策略是在企业能实行定制生产的基础上，利用网络技术和辅助设计软件，帮助消费者选择配置或者自行设计能满足自己需求的个性化产品，同时承担自己愿意付出的价格成本。

（5）实时定价。

就价格而言，理论上有两种模式：浮动价格模式和固定价格模式。浮动价格模式包括竞价拍卖、集体议价等竞价模式；固定价格模式包括供方定价直销、需方定价求购等定价模式。网络使固定价格不再成为必然，浮动价格开始成为网络营销中的新选择。根据季节变动、市场供求状况、竞争状况及其他因素，在计算收益的基础上，企业可以设立自动调价系统，自动进行价格调整，建立与消费者直接在网上协商价格的集体议价系统，使价格具有灵活性和多样性。实时定价的典型就是在线拍卖。

上面几种定价策略是企业在利用网络营销拓展市场时可以考虑的比较有效的策略，但并不是所有的产品和服务都可以采用上述定价方法，企业应根据产品的特性和网上市场发展的状况来决定定价策略。不管采用何种定价策略，企业的定价策略都应与其他策略配合，以保证企业总体营销策略的实施。

免费策略是市场营销中常用的营销策略，它主要用于促销和推广产品，这种策略一般是短期和临时性的，企业是如何利用免费价格策略的呢？

# 知识单元2　网络营销环境分析

## 单元导读

　　党的二十大报告指出："大自然是人类赖以生存发展的基本条件。尊重自然、顺应自然、保护自然，是全面建设社会主义现代化国家的内在要求。"这就要求我们在开展网络营销活动、绿色营销时要特别关注的网络营销环境因素。

　　网络营销环境是指对企业的生存和发展产生影响的各种内外部条件。站在企业网络营销应用的角度，可将网络营销环境分为内部环境和外部环境，即与企业网络营销活动有关联因素的部分集合。营销环境是一个综合的概念，由多方面的因素组成。环境的变化是绝对的、永恒的。随着社会的发展，特别是网络技术在营销中的运用，环境更加变化多端。虽然对营销主体而言，环境及环境因素是不可控制的，但它也有一定的规律性，可通过对营销环境进行分析，对其发展趋势和变化进行预测。企业的营销观念、消费者需求和购买行为，都是在一定的经济社会环境中形成并发生变化的。因此，对网络营销环境进行分析是十分必要的。

## 知识学习

### 一、中国网络市场概述

　　网络市场是一个虚拟的网络消费市场概念，是利用现代化通信工具和电子计算机、多媒体、互联网等信息技术手段，在消费者与生产商之间、不同生产商之间和不同消费者之间形成的信息、商品、交流、服务交易平台。在这个平台上，消费者可以在任何时间通过互联网向厂商直接订购所需产品或服务，可以随时浏览商品，免受过分热情的销售人员的烦扰，从而更快更容易地比较商品。可以说，随着互联网的盛行，网络市场已成为21世纪最有发展潜力的新兴市场。

中国拥有庞大的网民数量，大量的需求被创造出来，如移动上网、处理社交网络等给新的互联网行业形态出现奠定了良好基础。中国互联网行业的商业模式日渐成熟。网络广告、搜索引擎、电子商务、网络支付等业务逐渐被人们所接受，各大互联网公司从各自核心领域优势向这几个方面渗透，形成有序竞争，带动互联网行业良性发展。中国网络基础设施的建设、第五代移动通信技术（5G）的发展、国家政策的扶持规划，均给整个互联网行业创造了一个非常好的前景。总之，随着信息时代的到来，人类的生产方式与生活方式将以开放型和网络型为导向，这是社会发展的必然结果。

## 二、网络竞争对手分析

企业竞争对手的状况将直接影响企业营销活动。例如，竞争对手的营销策略及营销活动的变化会直接影响企业营销，最为明显的是竞争对手的产品价格、广告宣传、促销手段的变化，以及产品的开发、销售服务的加强都将直接对企业造成威胁。为此，企业在制定营销策略前必须先弄清竞争对手，特别是同行业竞争对手的生产经营状况，做到知己知彼，有效地开展营销活动。对竞争对手的分析主要有识别竞争对手、了解竞争对手的目标、确认竞争对手的优劣势等方面。

### 1. 识别竞争对手

识别谁是竞争对手好像很容易，很多人认为经营范围类似、规模相当的企业就是竞争对手，而这恰恰犯了"竞争者近视病"，有可能忽视许多大小不一、现实或潜在的竞争对手。关于竞争对手我们可从以下三个方面识别：

（1）从行业角度识别竞争对手。

从行业的角度看，生产同一类型或功能相近、在使用价值上可以相互替代的产品的同行企业互为竞争对手，如汽车制造商、自行车制造商、打字机制造商各有行业内的竞争对手。

（2）从市场或顾客的角度识别竞争对手。

从市场或顾客的角度看，凡是满足相同顾客需要或服务于同一顾客群的企业也互为竞争对手。这样分析，公共汽车、自行车、出租车都是为满足顾客交通方便的需要，提供这些产品和服务的企业亦互为竞争对手。

（3）从类型角度识别竞争对手。

从类型角度来看，企业的竞争来自现有直接竞争对手和新的潜在进入者两方面。商家应该密切关注主要的直接竞争对手，尤其是那些与自己同速增长或比自己增长快的竞争对手，必须注意发现任何竞争优势的来源。一些竞争对手可能不是在每个细分市场都出现，而是出现在某个特定的市场中。因此，对不同竞争对手需要进行不同深度水平的分析，对那些已经或有能力对公司的核心业务产生重要影响的竞争对手尤其要密切注意。

### 2. 了解竞争对手的目标

确定了谁是企业的竞争对手之后，还需了解他们在市场上追求的目标是什么。我们常以为每位竞争者都在追求利润最大化、市场占有率和销售增长，而实际上，大多数竞争对手和我们自己一样，追求一组目标，各目标有轻重缓急、侧重的不同，通常也会为各项目标规定一个合理且可行的期望值。

### 3. 确认竞争对手的优劣势

一般来说，多数行业中相互竞争的企业均可分为采用不同战略的群体。企业可通过了解各竞争者的产品质量、特色、服务、定价和促销策略等，判断由哪些公司组成了哪些战略群，以及这些战略群之间的差异如何。

客观上，在一些行业内，竞争较为和缓，对手之间的关系较和谐，甚至竞争行为也较规范；在另一些行业，竞争激烈，对手之间你争我夺，无休止地发生冲突。有学者认为这主要取决于行业的"竞争平衡"。显然，当行业处于"竞争平衡"状态时，竞争者之间的关系较为和缓。

## 三、网络营销平台分析

### 1. 网络营销平台的含义及功能

网络营销平台是指在电子商务交易过程中，侧重与客户进行沟通互动的综合信息协作平台，是企业电子商务平台的重要组成部分。其主要功能有新闻动态、信息发布、网上调查、提醒机制、会员注册、会员管理、产品展示、客户关怀、信息反馈等。

（1）新闻动态。

在网络营销过程中，企业或个人利用网络营销平台向客户动态发布新闻信息、重大事件及最新发展情况，起到公共媒介的宣传作用。

（2）信息发布。

信息发布功能主要是指在网络营销过程中，企业或个人利用信息发布功能及时动态地发布各种产品与服务的需求和供应信息，从而构建一个虚拟的网上市场。

（3）网上调查。

网上调查是指在网络营销过程中，企业利用电子商务平台，针对网民的消费心理特征与行为特征来进行网上产品与服务需求特性调查的创新市场营销调研方式，这种方式成本低、效率高、时效性好。

（4）提醒机制。

网络营销提醒机制，是指针对网络营销平台的目标客户的访问情况进行及时动态的提醒，如邮件提醒、短信提醒、语音提醒等。

（5）会员注册。

会员注册是网络营销中发展客户、获得客户资料的重要手段，通过会员注册功能，可有效为会员管理提供保障。

（6）会员管理。

会员管理是指在网络营销过程中针对不同类型的客户分类进行管理，通常分类的方式包括分级制、星级制等。在网络营销过程中，根据客户的购买数量与访问数量来进行会员的管理与升级活动。

（7）产品展示。

产品展示是网络营销平台提供的针对产品与服务的动态展示功能，主要包括展示模板的设计、展示模型的设计、展示的美工处理、产品展示的更新与维护等。

（8）客户关怀。

网络营销平台为企业与客户进行动态交流提供了空间，其目的是解决在客户购买过程中出现的问题，提高客户满意度与忠诚度。

（9）信息反馈。

信息反馈是网络营销平台的另一个与客户互动的方式，客户可以通过电子邮件、短信发送、网页互动、QQ聊天等多种方式向公司反馈信息，从而营造一个动态的网络营销平台。

### 2. 网络营销平台的分类

网络营销平台是一个综合性管理平台，其功能强大、结构复杂，主要可以根据以下几方面来分类：

（1）根据网络营销平台的功能分类。

网络营销平台根据其功能进行分类，主要分为以下几种类型：信息发布平台、客户管理平台、交易协作平台、系统管理平台及安全保障平台。

（2）根据网络营销平台的客户对象分类。

网络营销平台根据客户对象进行分类，主要分为以下几种类型：企业对企业（B2B）的采购平台、企业对消费者（B2C）的直销平台、消费者对消费者（C2C）的转让平台。

（3）根据网络营销平台的归属权分类。

根据网络营销平台的归属权进行分类，主要分为企业自建网络营销平台、租用中介方的网络营销平台、购买第三方的网络营销平台中间件进行二次开发。

### 3. 国内外主要网络销售平台介绍

（1）国内外知名网络销售平台简介（表 2-1）。

表 2-1　国内外知名网络销售平台

| 类型 | 平台名称 | 平台简介 |
|---|---|---|
| B2B 平台 | 阿里巴巴 1688.com | 阿里巴巴中文站（1688.com）由阿里巴巴集团创立于2010年3月，旨在做全球最大的采购批发市场。未来其将定位于网上采购批发大市场，帮助工厂、品牌商、一级批发商引进大量的买家，包括十万级的淘宝网店掌柜、百万级的线下城市实体店主、千万级的现有批发市场买家，提供一系列交易工具，打造全球最大的批发大市场。阿里巴巴集团旗下包括淘宝网、天猫、聚划算、全球速卖通、阿里巴巴国际交易市场、1688、阿里妈妈、阿里云、蚂蚁金服、菜鸟网络等 |
| | 环球资源 global sources | 环球资源创立于1971年，是一个多渠道B2B媒体，致力于对外贸易。其核心业务是通过一系列媒体进行进出口贸易。盈利的40%来自杂志光盘中的广告，60%来自网上交易业务。环球资源包括产品行业网站、地区出口网站、技术管理及其他网站。环球资源于2000年在美国纳斯达克股票市场公开上市 |
| | 慧聪网 | 慧聪网成立于1992年，是目前国内行业资讯最全、最大的行业门户平台，以行业专业性和整合行业上下游产业链著称，以商情杂志起家，后整合展会和网络，成为线上、线下做得都比较成功的中国领先B2B电子商务平台；以内贸和外贸、买卖通、行业刊物为主要商业模式，目前整体市场份额接近阿里巴巴，国内有"南阿里，北慧聪"的说法 |
| B2C 平台 | 天猫 TMALL.COM | 天猫（Tmall），亦称淘宝商城、天猫商城，原名淘宝商城，是中国地标性的线上综合购物平台，拥有超过1.2万个国际品牌，18万个知名大牌，8.9万个旗舰店。2012年1月11日上午，淘宝商城正式更名为"天猫"，是淘宝网全新打造的B2C平台。其整合数千家品牌商、生产商，为商家和消费者提供一站式解决方案。2014年2月19日，天猫国际正式上线，为国内消费者直供海外原装进口商品 |
| | JD京东 JD.COM | 京东成立于1998年，是中国最大的自营式电商企业，销售超数万品牌、4 020万种商品，囊括家电、手机、电脑、母婴、服装等十三大品类。2014年5月在美国纳斯达克证券交易所挂牌上市，是中国第一个成功赴美上市的大型综合型电商平台。京东集团旗下设有京东商城、京东金融、京东智能、O2O及海外事业部 |
| | 唯品会 vip.com | 唯品会是广州唯品会信息科技有限公司旗下网站，于2008年成立，是一家专门做特卖的网站，主营业务为互联网在线销售品牌折扣商品，涵盖名品服饰鞋包、美妆、母婴、居家等各大品类。在中国开创了"名牌折扣+限时抢购+正品保障"的创新电商模式，并持续深化为"精选品牌+深度折扣+限时抢购"的正品特卖模式，这一模式被誉为"线上奥特莱斯"。2012年3月23日，在美国纽约证券交易所上市 |

续表

| 类型 | 平台名称 | 平台简介 |
|---|---|---|
| C2C平台 | 淘宝网 Taobao.com | 　　淘宝网成立于2003年5月10日，由阿里巴巴集团投资创办。淘宝网是亚太地区较大的网络零售、商圈，是中国深受欢迎的网购零售平台，拥有近5亿注册用户数，每天的在线商品数已经超过8亿件。随着淘宝网规模的扩大和用户数量的增加，淘宝也从单一的C2C网络集市变成了包括C2C、团购、分销、拍卖等多种电子商务模式的综合性零售商圈。目前，其已经成为世界范围的电子商务交易平台之一，未来的战略方向是社区化、内容化和本地生活化 |
| 跨境平台 | AliExpress | 　　速卖通是阿里巴巴旗下面向全球市场打造的在线交易平台，于2010年4月上线，覆盖220多个国家和地区的海外买家，每天海外买家的流量已经超过5 000万，覆盖服装服饰、3C、家居、饰品等共30个一级行业类目，已成为全球较大的跨境交易平台之一。速卖通主要侧重巴西、俄罗斯等新兴市场，产品价格优势较明显，被广大卖家称为国际版"淘宝" |
| | 亚马逊 amazon.cn | 　　亚马逊是美国最大的一家网络电子商务公司，成立于1995年，一开始只经营网络的书籍销售业务，现在则扩及图书音像、数码家电、母婴百货、钟表首饰、服饰箱包、鞋靴、运动户外等三十二大类、数百万种独特的全新、翻新及二手商品，已成为全球商品品种最多的网上零售商和全球第二大互联网企业。亚马逊也是全球最早建立的跨境电商B2C平台，对全球外贸的影响力非常大 |
| 跨境平台 | eBay | 　　eBay创立于1995年9月，是一个可让全球民众管理上网买卖物品的线上拍卖及购物网站，是国际零售跨境电商平台。eBay是一个基于互联网的社区，买家和卖家在一起浏览、买卖商品，交易平台完全自动化，按照类别提供拍卖服务。eBay总部设在美国加利福尼亚州，目前拥有4 000名员工，在英国、德国、韩国、澳大利亚、中国和日本等地都设有分公司 |
| | wish | 　　Wish于2011年12月在美国旧金山硅谷成立，是主要基于App的跨境电商平台，全国总用户量为3 300万，是北美最大的移动购物平台，95%的订单量来自移动端，89%的商户来自中国。主要特点是物美价廉，很多产品，像珠宝、手机、服装等都从中国发货。虽然价格低廉，但是配合Wish独特的推荐方式，产品的质量也得到了保证。它可以利用智能性的推送技术，直接为每一位买家推送喜欢的产品，采用精准营销的方式，吸引了大量客户 |
| | DHgate.com | 　　敦煌网创立于2004年，是全球领先的在线外贸交易平台，是国内首个为中小企业提供B2B网上交易的网站，致力于帮助中国中小企业通过跨境电子商务平台走向全球市场。敦煌网采用电子邮件营销的营销模式，低成本、高效率地拓展海外市场。自建的DHgate平台，为海外用户提供了高质量的商品信息。用户可以自由订阅英文EDM（电子邮件营销）商品信息，第一时间了解市场最新供应情况。据Paypal交易平台数据显示，敦煌网在线外贸交易额亚太排名第一、全球排名第六 |

（2）网络销售平台格局。

经过几年的行业整合，目前的网络销售平台已经形成稳定的格局。第一梯队，阿里巴巴、京东。阿里巴巴和京东共占据 B2C 电商近 81%、整体电商近 89% 的市场份额。第二梯队，唯品会、苏宁易购、国美在线。它们分别以家电和服装类起家、向综合品类拓展，目前共占据 B2C 电商近 9%、整体电商约 5% 的市场份额。第三梯队，由亚马逊中国、当当网、聚美优品及诸多小型电商共同组成，占整体电商市场不到 10% 的份额。

**拓展延伸**

**支付宝交易**

支付宝交易是指买卖双方使用支付宝（中国）网络技术有限公司提供的"支付宝"软件系统，且约定买卖合同项下的付款方式为通过本公司在买方收货后代为支付货款的中介支付的交易流程。

1. 买家先付款到支付宝，买家就不用担心把款直接付给卖家，卖家不给发货的问题。

2. 支付宝收到买家付款后即时通知卖家发货。

3. 买家收到货物满意后通知支付宝付款给卖家。

（资料来源：https：//cshall.alipay.com/lab/help_detail.htm？ help_id=212507.）

# 知识单元3　网络目标市场概述

## 单元导读

企业必须对网络市场信息有深入的了解，根据人口统计特征、地理位置、心理特征和行为特征等多种要素确定细分市场，使用一些可行性、盈利性和增长性的标准选择对企业最具吸引力的目标市场。分析目标客户，完成用户画像是企业应重点开展的工作。网络营销人员要根据企业目标市场需求和市场竞争环境制定企业的经营战略和市场定位战略，信息、产品和服务在网上的传播要体现差异化的特点，这样才能吸引顾客并与之建立长期关系。

## 知识学习

目标市场营销战略也称 STP 战略，包括网络目标市场细分（Segmentation）、网络目标市场选择（Targeting）和网络目标市场定位（Positioning）三部分内容，下面逐一进行详细说明。

## 一、网络目标市场细分

随着市场经济的发展，企业的市场营销也经历了一个从以企业生产为中心、以生产者主权论为基础、以对策性管理为特点的传统市场营销向以市场为导向、以消费者主权论为基础、以战略性管理为特点的现代市场营销的演变。目标市场策略强调以市场细分为基础，根据企业自身的条件有目的地选择市场，提供合适的产品，提供符合消费者特点的营销活动。

### 1. 网络市场细分的概念

网络市场由网络消费者组成，网络客户具有不同特性，网络市场细分的过程就是将客户市场按某种（些）标准分成多个可识别子群体，每个客户子群体中的成员在服务成本、偏好等方面有着极大的相似性，但不同群体成员之间在这些方面有着本质的区别。网络市场细分是实施营销战略的第一步。需要注意的是，市场细分是根据客户需求的差异性来分类的，而不是根据企业的特点和产品本身的特点进行分类。市场细分之后，企业应能够明确自身市场的数量及各个子市场中需求的差异和特征。

大多数企业或产品所面对的市场是一个复杂而庞大的整体，它由不同的购买个体和群体组成。组成市场的这些购买个体和群体在地理位置、资源条件、消费心理、购买习惯等方面存在差异性，其面对同样的产品会产生不同的购买行为。市场细分可以使企业发现有利的市场机会，提高企业的市场占有率。此外，企业的资源有限，一个企业要想满足所有消费者的需求很难，市场细分之后可以使企业明确各细分市场需求的特征，在市场选择时避免盲目性，有利于企业合理配置资源，用最少的资源获得最大的效益。

### 2. 网络市场细分的标准

划分市场的标准称为市场细分变量，常用的网络市场细分变量包括：

（1）人口统计细分变量，如年龄、种族、性别、家庭状况、收入、教育等。

（2）地理细分变量，如 ISP（因特网服务提供商）域名、国家、地区、城市等。

（3）心理细分变量，如消费者所属的社会阶层、生活方式、个性特征等。

（4）行为细分变量，如在线购物行为、万维网（Web）使用习惯、利益诉求、点击率、Web 站点忠诚度、过往购买经历等。

（5）利益细分变量，如便利性、经济性、质量、易于使用、速度、信息等。

每一个细分变量都不足以完全定义一个细分，也没有适合各个企业的市场细分组合。为了选择更加合适的网络市场细分指标，需要对企业的营销战略进行分析，结合不同企业的营销战略目标，选择恰当的细分变量组合。对网络消费者市场可以按照一个变量或多个变量进行细分。

### 3. 网络市场细分的方法

（1）单一因素法。

单一因素法即选用一个细分标准，对市场进行细分。例如，服装市场按性别细分为男式服装和女式服装（图 2-3）。

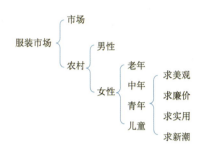

图 2-3　单一因素细分法

（2）综合因素法。

综合因素法即运用两个或两个以上的标准对市场进行细分。综合因素法的核心是并列多因素分析，所涉及的各项因素都无先后顺序和重要与否的区别（图 2-4）。

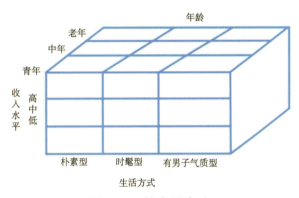

图 2-4　综合因素法

（3）系列因素法。

系列因素法也是运用两个或两个以上的标准来细分市场，但必须依据一定的顺序由粗到细依次细分，下一阶段的细分是在上一阶段选定的子市场中进行的，细分的过程也就是一个比较、选择子市场的过程。

一般来说，企业对市场进行细分营销，往往采用综合因素法来细分市场，而很少采用单一因素法。

### 4. 有效细分市场的原则

为了保证市场细分的有效性，在市场细分完成后可以依据以下标准检查细分的有效性。即按照子市场的可衡量性、可占据性、相对稳定性三个原则来检查市场细分工作是否到位。

（1）可衡量性原则。

进行市场细分就是对一部分市场进行全面和彻底的开发与运用。在做细分市场时一定要考虑到可衡量性，即要有可控性。主要表现为，明确了解细分市场上消费者对商品需求的差异性的各项要求，通过产品或服务反映和说明让消费者感觉到商品的差异。

对细分后的市场范围清楚界定。例如，网上礼品市场可分为国内市场、国际市场，其中国内市场还可进一步细分为华中市场、西南市场、东北市场等；也可根据消费行为细分为青年人礼品市场、儿童礼品市场、老年人礼品市场等。

（2）可占据性原则。

如果企业或商品无法占据市场，再细分也无意义，所以，细分市场时一定要考虑企业进入这个市场会有多大的销售额。根据这一要求，我们要从细分市场的规模、发展潜力、购买力等方面着手。通常来说，企业对营销策略和商品越有信心，市场的规模、发展潜力、购买力会越大，企业进入这个市场后的占据性就会越强，销售额就会越大。

（3）相对稳定性原则。

任何一个企业在做一项产品或服务时都希望在进入市场后能够有一个长期、稳定的市场。所以一定要考虑占领后的目标市场能保证企业在相当长的一个时期内经营稳定，避免目标市场变动过快给企业带来风险和损失，以保证企业取得长期稳定的利润。

### 5. 网络市场细分的营销策略

根据网络市场细分的层次，其相应的网络营销活动分为网络大众化营销、网络细分营销、网络补缺营销、网络本地化营销和网络个别化营销。

（1）网络大众化营销。

在网络大众化营销中，网络营销企业针对具有某种产品需求的所有网络顾客，采取大量生产、大量分配和大量促销的单一产品策略，企业认为顾客具有完全相同的需求特点，不需要采取不同的产品策略、价格策略、渠道和促销策略去适应他们。采用这种策略的企业认为，通过规模经济可以将成本降到最低，占领最大的潜在市场。

（2）网络细分营销。

对于大部分产品而言，网络营销市场中顾客之间具有明显的需求差异，这种需求差异可以通过进一步的组合将总体顾客分解成几个具有相似性需求特点的顾客群体，这就是网络细分。在这种市场中，消费者的欲望、购买实力、地理位置、购买态度和购买习惯各不相同，应通过市场细分制定各个细分市场或者分组的细分市场群的营销策略，开展网络营销活动。网络细分营销有利于提高顾客的忠诚度，增强目标营销的准确性；同时，独特的细分市场的选择减少了竞争对手；通过资源的集中分配，增强了企业的竞争力。因此，网络细分营销已被广大网络企业所采用。

（3）网络补缺营销。

通过市场细分，企业可以把绝大部分网络顾客归纳到各个网络细分市场，但有少数需求特别是需求特点差异很大的网络顾客往往不被大企业所注意，这就是网络补缺市场。针对这类市场开展的营销称为网络补缺营销，如专门销售特种鞋（特大、特小或特型）的网上商店。一个有吸引力的网络补缺市场的特征如下：网络补缺市场的顾客有明确和复杂的需要；他们愿意为提供满意的产品付出溢价；经营补缺市场的网络营销企业应具有所需的技术，服务于超级流行式样的补缺市场；网络补缺营销者只有实行经营专门化后，才能取得成功；网络补缺营销公司虽然没有太多的竞争者，但所有的产品开发、市场开发都只能依靠自己的力量；网络补缺市场应有足够的规模、利润和成长潜力。

（4）网络本地化营销。

虽然网络具有空间无限性的特点，但是网络营销企业往往还是采用本地化的营销方法，因为企业的实体物流能力受到限制，语言文化受到制约，这种经营本地网络市场的网络营销即为本地化营销。网络本地化营销的优点很多。首先，它能够较好地迎合网络顾客；其次，广告宣传的投入比较少；最后，本地的网络顾客容易组成网络社区，而网络社区的经营对树立公司形象、培养品牌忠诚度很有帮助。

（5）网络个别化营销。

网络市场细分的最后一个层次是细分到单个网民。企业认为单个网民就是一个细分市场，需采取定制营销或一对一营销来满足他们的需求。通过网上信息交换，网络顾客可以要求网站企业提供定制的产品或者按照自己的设想制造出来的产品。定制营销和自我营销都是个别化营销的形式。

## 二、网络目标市场选择

### 1. 网络目标市场选择的含义

网络目标市场选择是营销战略的第二步。网络目标市场是指企业在网络市场细分的基础上，结合自身优势及时对外部环境做出判断，在细分后的市场中进行识别、挑选、评价、选择，以作为符合企业经营目标而开拓的特定市场。目标市场选择是指企业在划分了不同的子细分市场后，决定选择哪些和多少子细分市场作为目标市场。在这里，目标市场是指企业要进入并从事营销活动的子市场。

企业一旦确定了市场细分方案，就必须评估各种细分市场和决定为多少个细分市场服务，并根据自身的发展目标、阶段战略等，选择要进入的目标市场。在评估各种不同的细分市场时，企业必须考虑两个因素，即细分市场结构的吸引力以及企业的目标和资源。

第一，企业必须分析潜在的细分市场是否对企业有吸引力，如它的大小、成长性、盈利率、规模经济、低风险等。此外，还要考虑其他因素，如说服其他细分市场的顾客，使之改变想法容易吗？该细分市场对公司的业务发展有益吗？

第二，企业必须考虑对细分市场的投资与企业的目标和资源是否一致。某些细分市场虽然有较大吸引力，但不符合企业的长远目标，因此不得不放弃。

### 2. 选择网络目标市场的步骤

（1）进一步评估各个子市场。

在进一步评估各个子市场时，重点应放在子市场的规模和发展前景、细分市场的吸引力和是否符合企业的资源状况、经营目标三个方面。

①评估子市场的规模和发展前景主要应明确各个子市场的市场容量、预期获得的经济效益和各细分市场进入的壁垒情况。

②评估细分市场的吸引力大小必须考虑行业竞争状况的五种基本力量：同行业竞争者、潜在的新加入竞争者、替代产品、购买者和供应商。网络细分市场的吸引力大小与这五种力量的强弱成反比，其外界干扰力量越强，市场吸引力越小。首先，企业应尽量选择那些竞争相对较少，竞争对手比较弱的市场作为目标市场。如果某个细分市场已经有了众多的、强大的或者竞争意识强烈的竞争者，那么企业进入该细分市场就会十分困难。其次，企业要考察网络细分市场内的可替代产品以及网络消费者和供应商的议价还价能力。替代产品越多，网络消费者选择替代产品的机会也越多，企业的网上竞争对手也越多，产品价格和利润下降也越多。

③在评估目标市场时，应注意该子市场是否与企业资源相适应，是否符合企业长远发展目标。只有选择那些有条件进入的、能充分发挥其资源优势的子市场作为目标市场，企业才能获得竞争优势。

（2）网络目标市场的选择策略。

在评估不同的网络细分市场之后，网络营销人员往往会发现不止一个网络细分市场可以进入。成为网络目标市场一般要具备以下条件：拥有一定的购买力，有足够的销售量及营业额；有较理想的尚未满足的消费需要，有充分发展的潜在购买力；市场未形成垄断。企业到底该进入哪些网络细分市场，需要根据市场覆盖策略来做出选择。综合考虑产品和消费者这两个因素，网络目标市场的选择模式一般可以有 5 种类型，即市场集中化（如图 2-5 中的 1 所示）、产品专业化（如图 2-5 中的 2 所示）、市场专业化（如图 2-5 中的 3 所示）、选择专业化（如图 2-5 中的 4 所示）、市场全面化（如图 2-5 中的 5 所示），其中 P 代表产品、C 代表消费者。

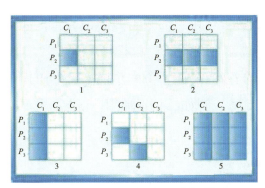

图2-5 网络目标市场选择模式

①市场集中化。

市场集中化是一种典型的集中化模式。无论是从产品角度还是市场角度来看，企业的目标市场都高度集中在一个市场面上，企业只生产一种产品，供应一个顾客群。许多小企业由于资源有限，往往采用这种模式。而一些新成立的企业，由于初次进入市场，缺乏生产经营经验，也可能把一个细分市场作为继续发展、扩张的起始点。例如，联通在初进入市场时，只经营移动通信业务，而且主要集中力量在北京、上海、广州等大城市推广业务，并取得了不俗的经营业绩。单一市场集中模式使企业的经营对象单一，企业可以集中力量在一个细分市场中获得较高的市场占有率。如果细分市场选择恰当的话，也可获得较高的投资收益率。但是，采用这种模式，目标市场范围较窄，经营风险较高。

②产品专业化。

企业生产一种产品，向各类顾客销售。通信企业便是这样，服务的宗旨是普遍服务，面对的是社会各阶层所有的用户。然而，单从产品的角度来看，虽然有不同的业务，但都起到了传递信息的作用。采用这种模式，企业的市场面广，有利于摆脱对个别市场的依赖，降低风险。同时，生产相对集中，有利于发挥生产技能，在某种产品（基本品种）方面形成较好的声誉。

③市场专业化。

企业面对同一顾客群，生产和销售他们所需要的各种产品。例如，专门从事福特汽车零配件生产的企业，只为福特汽车公司服务，生产该公司需要的各种零配件，品种可能有很多，但是面对的顾客只是福特汽车公司。采用这种模式，有助于发展和利用与顾客之间的关系降低交易成本，并在这一类顾客中树立良好的形象。当然，一旦这类顾客的购买力下降，企业的收益就会受到较大影响。

④选择专业化。

企业在对市场详细细分的基础上，经过仔细考虑，结合本企业的长处，有选择地生产几种产品，有目的地进入某几个市场面，满足这些市场面的不同要求。实际上，这是一种多角化经营的模式，可以较好地分散企业的经营风险。但是，采用这种模式应当十分谨慎，必须以几个细分市场均有相当的吸引力为前提。

⑤市场全面化。

企业为所有细分以后的各个细分市场生产各种不同的产品，分别满足各类顾客的不同需求，以期覆盖整个市场。例如，国际商用机器公司（IBM）在计算机领域内全面出击。

### 3. 网络目标市场营销策略

企业通过市场细分，从众多的细分市场中选择出一个或几个具有吸引力、有利于发挥企业优势的细分市场作为自己的目标市场，综合考虑产品特性、竞争状况和自身实力，针对不同的目标市场选择营销策略。网络目标市场营销策略主要有无差异性营销、差异性营销、集中性营销三种（图2-6）。

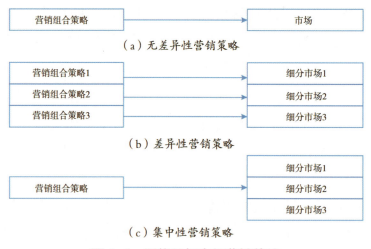

图 2-6　网络目标市场营销策略

（1）无差异性营销。

企业面对的市场是同质市场，或者企业把整个市场看作一个无差异的整体，而认为消费者对某种需求基本上是一样的，可以作为一个同质的目标市场加以对待，在这两种情况下，企业采用的就是无差异性营销（Undifferentiated Targeting Strategy）策略。实现无差异性营销策略的企业，是把整个市场作为一个大目标，忽略消费者之间存在的不明显的差异，针对消费者的共同需要，制订同一生产和销售计划，以实现开拓市场、扩大销售的目的。采用这一策略的企业，一般势力都较为强大，采用大规模生产方式，又有广泛而可靠的分销渠道以及统一的广告宣传等。

采取无差异性营销策略的优点：大批量的生产和储运，必然会降低单位产品的成本；无差异的广告宣传等促销活动可以节省大量成本；不搞市场细分，也相应减少了市场调研、产品研制等所要耗费的人力、物力和财力。但是这种市场策略也存在许多缺点，即这种策略对大多数产品是不适用的。特别是在网络市场中，顾客需求趋于个性化，正因为如此，网络市场中采用无差异性营销策略的企业几乎没有。

（2）差异性营销。

差异性营销（Differentiated Targeting Strategy）策略，是指公司在网络市场细分的基础上，设计不同产品和实行不同的营销组合方案，以满足各个不同细分市场上消费者的需求。

这种策略适用于小批量、多品种生产的公司，日用消费品中绝大部分商品均可采用这种策略选择网络目标市场。在消费需求变化迅速、竞争激烈的当代，大多数公司都积极推行这种策略。其优点主要表现为：有利于满足不同消费者的需求，有利于公司开拓网络市场、扩大销售、提高市场占有率和经济效益，有利于提高市场应变能力。差异性营销在创造较高销售额的同时，也增大了营销成本、生产成本、管理成本和库存成本、产品改良成本及促销成本，使产品价格升高，失去竞争优势。因此，企业在采用此策略时，要权衡利弊，即权衡销售额扩大带来的利益大还是增加的营销成本大，进行科学决策。例如，宝洁公司根据客户需求和自身产品特点，将旗下 300 多种产品细分为 72 个细分市场，为每一个细分市场开设了独立的网站并实施独立的网络营销策略。

（3）集中性营销。

集中性营销（Concentrated Targeting Strategy）策略亦称密集营销策略，是指企业集中力量于某一个或几个细分市场上，实行专业化生产和经营，以获取较高的市场占有率的一种策略。

实施这种策略的企业要考虑的是，与其在整个市场拥有较低的市场占有率，不如在部分细分市场上拥有很高的市场占有率。这种策略主要适用于资源有限的小公司。因为小公司无力顾及整体市场，而大公司又经常容易忽视某些小市场，所以易于取得营销成功。这种策略的优点是：公司可深入了解特定细分市场的需求，提供较佳服务，有利于提高企业的地位和信誉；实行专业化经营，有利于降低成本。只要网络目标市场选择恰当，集中营销策略常可使公司建立坚强的立足点，获得更多的经济效益。

但是，集中营销策略也存在不足之处，其缺点主要是公司将所有力量集中于某一细分市场，当市场消费者需求发生变化或者面临较强竞争对手时，公司的应变能力有限，经营风险很大。公司可能陷入经营困境，甚至倒闭。因此，使用这种策略时，选择网络目标市场要特别注意竞争对手的变化，建立完善的客户服务体系，防止客户的流失。

## 三、网络目标市场定位

### 1. 网络目标市场定位的含义

网络目标市场定位是营销战略的第三步。网络营销的目标市场定位，是要选定市场上竞争对手产品所处的位置，经过诸多方面的比较，结合本企业自身条件，为自己的产品创造一定的特色，塑造并树立一定的市场形象，以求目标顾客通过网络平台形成对自己产品的特殊偏爱。其实质就在于取得目标市场的竞争优势，确定产品在顾客心目中独特、有价值的位置并留下值得购买的印象，以便吸引更多的顾客。

### 2. 网络市场定位的依据

企业进行市场定位，在市场上树立鲜明的形象，以求与竞争对手的差异。从某种意义上讲，定位是差异化的继续，是差异化的目标。这种差异可以从以下三个方面去寻找、突破：

（1）产品实体差异化。

产品实体差异化是指企业生产的产品在质量、性能上明显优于同类产品的生产厂家，从而形成独自的市场。对同一行业的竞争对手来说，产品的核心价值是基本相同的，所不同的是性能和质量。在满足顾客基本需要的情况下，为顾客提供独特的产品是差异化战略追求的目标。以我国冰箱企业为例，海尔集团为适应国内小面积住房的情况，生产出小巧玲珑的小小王子冰箱；美菱集团为满足一些顾客讲究食品卫生的要求，生产出了美菱保鲜冰箱；新飞则以省电节能作为自己服务的第一任务。这些使这三家企业形成了鲜明的差异，从而吸引了不同的顾客群。

（2）服务差异化。

服务是一种无形的产品，是维系品牌与顾客关系的纽带，随着产品同质化程度的不断加剧，缔造优质的品牌服务体系，为顾客提供满意的服务成为企业差异化品牌战略的重要武器。在当今的经济形势下，未来的企业竞争就是服务竞争，服务体系的完善程度、服务质量的优劣程度以及由此带来的顾客对品牌的综合满意程度，将成为评价企业未来竞争力强弱的重要标准。

（3）形象差异化。

形象差异化即企业实施通常所说的品牌战略和 CIS（Corporate Identity System，企业形象识别系统）战略而产生的差异。企业通过强烈的品牌意识、成功的 CIS 战略，借助媒体的宣传，在消费者心目中树立起优异的形象，从而使消费者对该企业的产品发生偏好。例如，海尔公司的一句"海尔真诚到永远"，并佐以优良的产品质量，自然就会塑造真诚可信的形象；雀巢公司虽然是国际著名的大公司，却始终以平易近人的姿态宣传自己。一句"味道好极了"，让人感到像小鸟入巢般的温馨。如果说，企业的产品是以内在的气质服务于顾客的话，那么企业的形象差异化策略就是用自己的外在形象取悦于顾客，形成不同凡响的自身特征。

### 3. 有效市场定位的原则

（1）重要性。该市场定位能向网上购买者让度较高价值的利益。

（2）明晰性。该市场定位是其他企业所没有的，或者是该企业以一种突出、明晰的方式提供的。

（3）优越性。该市场定位明显优于通过其他途径而获得相同的利益。

（4）可沟通性。该市场定位能够被网络顾客所理解和接受，是顾客能看得见的。

（5）不易模仿性。该市场定位至少在短期内是其竞争对手难以模仿的，能够保证企业一定时期的竞争优势。

（6）营利性。企业将通过该市场定位获得较高的利润。

### 4. 网络目标市场定位的策略

网络目标市场定位的基本原则是，掌握原已存在于人们心中的想法，打开顾客的联想之门，使自己提供的产品在顾客心目中占据有利地位。因此，定位的起点是网民的消费心理。只要把握了网民的消费心理，并借助恰当的手段把这一定位传达给目标网民，就可以收到较好的营销效果。但在虚拟市场中，仅仅做到这一点是不够的。心理定位毕竟需要兑现，使其成为产品的实际定位。在掌握消费心理的同时，也要使品牌的心理定位与相应产品的功能和利益相匹配，这样定位才能成功。定位需要企业的市场研究、定位策划、产品开发以及其他有关部门的密切配合。仔细分析定位内涵不难发现，定位是为了在消费者心目中占据有利的地位，这个"有利地位"当然是相对竞争对手而言的。从这个角度讲，定位不仅要把握消费者的心理，而且要研究竞争对手的优势和劣势。在实践中，网络营销商应注意以下几个定位策略：

（1）初次定位与重新定位。

初次定位指新成立的企业或新产品在进入虚拟市场时，企业必须从零开始，运用所有的市场营销组合，使产品特色确实符合所选择的目标市场。重新定位，即二次定位或再定位，是指企业变动产品特色，改变目标消费者对其原有的印象，使目标消费者对其产品新形象有一个重新的认识。重新定位对于企业适应市场环境、调整市场营销战略是必不可少的。通常，产品在市场上的初次定位即使很恰当，但在出现下列情况时也需考虑重新定位：一是在本企业产品定位附近出现了强大的竞争者，挤占了本企业品牌的部分市场，导致本企业产品市场萎缩和品牌的目标市场占有率下降；二是消费者的偏好发生变化，从喜爱本企业品牌转移到喜爱竞争对手的品牌。

（2）对峙性定位与回避性定位。

对峙性定位（竞争性定位、针对式定位）指企业选择靠近现有竞争者或与其重合的市场位置，争夺同样的顾客，彼此在产品、价格、分销及促销等各个方面区别不大。

回避性定位（创新式定位）指企业回避与目标市场竞争者直接对抗，将其位置定在市场上某处空白领地，开发并销售目前市场上还不具有某种特色的产品，以开拓新的市场。

（3）心理定位。

心理定位是指企业从顾客需求心理出发，以自身最突出的优点来定位，从而达到在顾客心目中留下特殊印象和树立市场形象的目的。

电子商务环境下的营销目标可以参照在现实环境下的定位方法进行，同时又要考虑在网络环境下的特定条件：

①销售商品的选择——慎重选择适合在网上进行销售的商品及服务。

②潜在顾客群分析——对可能的网络消费者的类型、爱好和需求进行分析。

③商品价格的定位——根据网络销售的特点进行适当的商品价格定位。

### 思考探索

企业市场定位的依据是什么？初次定位后，企业为什么需要进行重新定位？

# 任务实训

## 任务实训1　网络消费者购买行为影响因素

### 【任务描述】

情景一：某消费者A（年龄23岁，追求时尚，在校大学生），想买华为新款手机（nova系列、P系列、Mate系列）。该消费者已经有了购买动机，但迟迟没有下决心购买。

情景二：

#### 京东手机"真香"服务

借助网络流行元素和一些很火的梗来做文章是当下很多品牌的创意营销特点，京东手机的"真香"服务很明显脱胎于网络知名表情包"真香"及其原创者王境泽。

网络上盛行的"真香"梗，其意思是"发誓绝不做某事但最后还是做了，并对此发出赞叹和认同的态度转变"。借助这个梗的热度，京东手机推出了"真香"服务。为了将借梗和"蹭热度"进行到底，京东手机还邀请了"真香"的原创王境泽合作拍摄了关于"真香"的视频广告，演绎了生活中手机碎屏、想要以旧换新、想随时退货的一些场景。

广告的目的正是京东手机为消费者提供的碎屏保、以旧换新、7天无理由退货这三大"真香"服务，表达出凭借着优厚周到的售后服务能够让消费者在不好的消费体验后通过售后服务来"打脸"。

"真香"服务借助热梗的话题度和王境泽本人的出镜成功引起了众多网友们的关注，而其广告内容也切中了很多消费者的内心诉求，其突出的"真香"服务针对这些诉求提供了非常周到优良的售后服务解决方法，让消费者打消了关于产品的许多后顾之忧，能够更加放心地进行产品体验和消费，从而增强了消费者对京东手机的好感与信赖。

## 【任务要求】

阅读并分析案例中京东是如何把消费者的购买过程，做到增加消费者对京东手机的好感和信任的，并阐述理由。要求学生以小组为单位完成实训任务，在实训中充分讨论，最终提炼出可能影响消费者购买行为的各种因素。

## 【任务分析】

通过实训，能够把握消费者的购买过程，了解影响消费者购买行为的因素，从而明确网络消费者的购买行为过程。

## 【任务实施】

步骤一：根据分好的小组给每个团队分配学习任务，进行学习交流20分钟，完成表2-2；

步骤二：每个小组派一个代表阐述本组学习的成果，以起到共同学习的效果；

步骤三：老师带领学生总结，并做出评价。

表 2-2　影响消费者购买行为的因素

| 序号 | 商品名称 | 影响消费者 A 购买行为的因素 | | | | | | | | |
|---|---|---|---|---|---|---|---|---|---|---|
| | | 年龄/性别 | 消费理念 | 经济状况 | 相关群体 | 社会环境 | 服务质量 | 交通安全 | 商品价格 | 其他 |
| 1 | | | | | | | | | | |
| 2 | | | | | | | | | | |
| 3 | | | | | | | | | | |
| ⋮ | | | | | | | | | | |
| 备注 | 在你认为相符的影响因素上打√。 | | | | | | | | | |

## 【任务总结】

请对本次实训任务进行总结

收获与成长：

_____

_____

_____

问题与困难：

_____

_____

_____

## 【任务评价】

对本次工作任务实施情况、完成态度、团队合作进行评价，填写过程评价（表2-3）。

表2-3 任务评价表

| 评价项目 | 评价内容 | 分数 | 评价说明 | 自我评价 | 小组评分 | 老师评分 |
|---|---|---|---|---|---|---|
| 任务实施（60分） | 网络消费者类型 | 20分 | 能够理解并区分 | | | |
| | 网络消费者的基本特征 | 20分 | 能够说出四个基本特征并举例 | | | |
| | 影响网络消费者购买决策的主要因素 | 20分 | 能说出影响消费者购买决策的主要因素 | | | |
| 工作技能（20分） | 网络消费者身份区分 | 10分 | 能够区分网络消费者的类型 | | | |
| | 网络消费者购买决策的主要因素 | 10分 | 能够举例说明影响网络消费者购买决策的主要因素 | | | |
| 职业素养（20分） | 团队协作 | 5分 | 快速地协助相关同学进行工作 | | | |
| | 沟通表达 | 5分 | 主动提出问题，快速有效地明确任务需求 | | | |
| | 学习能力 | 10分 | 本着积极的学习态度，提升学习能力 | | | |
| 计分 | | | | | | |
| 总分（按自我评价30%，小组评价30%，教师评价40%计算） | | | | | | |

## 任务实训2　网络营销环境体验——网上购物体验

### 【任务描述】

小李同学是一名电子商务专业的学生，学习了网络营销市场环境知识后，他想在购物网站上体验一下网络市场环境，但是他还没有注册网站会员，也不知道网站的购物流程。为此，他找老师寻求帮助。老师发现，班级里大部分同学也不会，为此我们安排实训，来帮助同学们体验网络营销环境。

### 【任务要求】

1. 学会注册购物网站会员；

2. 学会网上购物的操作流程；

3. 学会撰写网上购物实训报告。

### 【任务分析】

要在购物网站上体验购物，首先要注册网站会员，绑定支付，然后浏览需要购买的商品，熟悉购物流程，完成购物体验。

### 【任务实施】

步骤一：注册京东网站会员：

1. 登录京东网（http：//www.jd.com），单击注册会员；

2. 输入用户名、密码、验证手机、验证码等注册信息，单击"立即注册"，则可注册京东会员。

步骤二：京东网上购物操作：

1. 登录京东网，单击"请登录"；

2. 输入用户名、密码登信息，单击"登录"；

3. 登录到京东网的首页；

4. 查找所需要的商品，选中某具体商品，单击"加入购物车"；

5. 商品成功加入购物车，单击"去购物车结算"；

6. 在购物车页面，选中所需结算的商品，单击"去结算"；

7. 在订单结算页面，输入收货人信息、支付方式、配送方式等订单信息，单击"提交"，则成功提交订单，等待快递公司配送，则京东网上购物完成。

步骤三：实战操练，选择登录淘宝网站，注册网站会员后，实训购物操作流程：

步骤四：完成实训报告。

## 【任务总结】

请对本次实训任务进行总结

收获与成长：

_____

_____

_____

问题与困难：

_____

_____

_____

## 【任务评价】

对本次工作任务实施情况、完成态度、团队合作进行评价，填写过程评价（表2-4）。

表2-4　任务评价表

| 评价项目 | 评价内容 | 分数 | 评价说明 | 自我评价 | 小组评分 | 老师评分 |
|---|---|---|---|---|---|---|
| 任务实施（60分） | 注册京东会员 | 20分 | 会在京东、淘宝等购物网站上注册会员 | | | |
| | 体验京东购物流程 | 20分 | 会在京东、淘宝等购物网站上进行购物体验 | | | |
| | 撰写实训报告 | 20分 | 按要求完成实训报告 | | | |
| 工作技能（20分） | 平台操作 | 10分 | 能熟练操作购物平台 | | | |
| | 归纳总结 | 10分 | 能归纳总结，进行知识迁移，完成其他购物平台的体验 | | | |
| 职业素养（20分） | 团队协作 | 5分 | 快速地协助相关同学进行工作 | | | |
| | 沟通表达 | 5分 | 主动提出问题，快速有效地明确任务需求 | | | |
| | 认真严谨 | 10分 | 充分运用数据进行决策、优化策略 | | | |
| 计分 | | | | | | |
| 总分（按自我评价30%，小组评价30%，教师评价40%计算） | | | | | | |

## 项目练习

### 一、判断题（正确的打"√"，错误的打"×"）

1. 网站的形象代表着企业的网上品牌形象，人们在网上了解一个企业的主要方式就是访问该企业的网站。（    ）

2. 在国际市场营销中，注重对目标市场所在地文化背景的研究，开发顺应当地消费者消费习惯的产品，决定了国际市场营销的成败。（    ）

3. 网络消费者分析是企业进行市场营销的出发点，其最终目的是使销售企业的商品满足消费者的需求。（    ）

4. 相对于网络商店，传统商店中消费者更不受购物时间的限制。（    ）

5. 通常在网络环境条件下，消费者能够更理性地选择商品。（    ）

6. 冲浪型的网络消费者需要的是快捷高效的网上购物。（    ）

7. 商务型网络消费者以学历高、素质高的一线城市的中青年为主，他们一般不为产品广告所左右，而且不轻易进行网络交易。（    ）

8. 企业没有必要进行重新定位。（    ）

9. 服务是一种有形产品。（    ）

10. 企业二次定位时，不用考虑市场环境变化。（    ）

### 二、单项选择题

1. 下列不是影响网络视角营销下消费者购买行为的因素的是（    ）。

A. 无冲击型                                  B. 冲击型

C. 较冲击型                                  D. 强烈冲击型

2. 下列不是有效市场定位原则的是（    ）。

A. 重要性和明晰性                            B. 优越性和可沟通性

C. 盈利性和不易模仿性                        D. 高效性

3. 企业生产的产品在质量、性能上明显优于同类产品的生产厂家，从而形成独自的市场，这是（    ）。

A. 产品实体差异化                            B. 服务差异化

C. 形象差异化                                D. 质量差异化

4. 集中性营销又称（    ）。

A. 密集营销策略                              B. 专业化策略

C. 差异性策略                                D. 分散性策略

5. 下列不是无差异性营销策略的优点的是（　　）。

A. 大批量的生产和储运，必然会降低单位产品的成本

B. 无差异的广告宣传等促销活动可以节省大量成本

C. 企业面对的是异质市场

D. 不搞市场细分，也相应减少了市场调研、产品研制等所要耗费的人力、物力和财力

6. 企业的目标市场都高度集中在一个市场面上，企业只生产一种产品，供应一个顾客群。（　　）

A. 市场集中化　　　　　　　　　B. 产品专门化

C. 市场专门化　　　　　　　　　D. 选择专门化

7. 企业生产一种产品，向各类顾客销售。通信企业便是这样，服务的宗旨是普遍服务，面对的是社会各阶层所有的用户。（　　）

A. 市场集中化　　　　　　　　　B. 产品专门化

C. 市场专门化　　　　　　　　　D. 选择专门化

8. 专门从事福特汽车零配件生产的企业，只为福特汽车公司服务，生产该公司需要的各种零配件，品种可能有很多，但是面对的顾客只是福特汽车公司。（　　）

A. 市场集中化　　　　　　　　　B. 产品专门化

C. 市场专门化　　　　　　　　　D. 选择专门化

9. 企业在对市场详细细分的基础上，经过仔细考虑，结合本企业的长处，有选择地生产几种产品，有目的地进入某几个市场面，满足这些市场面的不同要求。（　　）

A. 市场集中化　　　　　　　　　B. 产品专门化

C. 市场专门化　　　　　　　　　D. 选择专门化

10. 企业为所有细分以后的各个细分市场生产各种不同的产品，分别满足各类顾客的不同需求，以期覆盖整个市场。（　　）

A. 市场集中化　　　　　　　　　B. 产品专门化

C. 市场专门化　　　　　　　　　D. 选择专门化

## 三、简答题

1. 请详细写出网络营销市场细分的标准和原则各是什么。

2. 分析影响网络消费者购买的主要因素有哪些。

3. 分析网络消费者的购买决策有哪几个阶段，各阶段特征如何。

4. 网络目标市场营销策略有哪些？

5. 网络消费者的需求特征有哪些？

## 项目小结

网络营销战略和策略的制定均需建立在对网络市场进行系统、详细分析的基础上，包括目标客户分析、网络营销市场分析、目标市场分析等方面。

进行目标客户分析时，需要重点关注网络客户视觉行为、客户心理价格等特征以及对企业活动的影响，从而为企业开展网络营销提供更有针对性的策略建议。

进行网络营销市场分析时，建议首先关注竞争对手的营销策略，其次摸清可采用的网络销售平台的详细情况，为企业开展网络营销打好基础。

进行网络目标市场定位时，需从网络市场细分入手，结合企业营销实际和资源状况选择适合的细分市场作为企业的目标市场，并且明确在目标市场上企业的形象，即目标市场定位，这一系列工作是企业下一步开展网络营销策略时必须遵循的战略方向和策略指导。

# 项目三  网络市场调研

## 项目引言

　　企业利用互联网作为沟通和了解信息的工具，对消费者、竞争者以及整体市场环境等与营销有关的数据系统进行调查分析研究，这就是网络市场调研的含义。通过调研所得数据包括顾客需要、市场机会、竞争对手、行业潮流、分销渠道以及战略合作伙伴方面的情况。网络市场调研与传统的市场调研相比有着无可比拟的优势，如调研费用低、效率高、调查数据处理方便、不受时间地点的限制。因此，网络市场调研称为网络时代企业进行市场调研的主要手段。本项目主要包含两个任务，分别是网络市场调研认知和网络市场调研实施。

## 项目目标

学习目标：

1. 了解网络市场调研的概念、特点、内容和步骤；

2. 掌握网络市场调研与传统市场调研的联系和区别；

3. 熟悉网络直接调研与间接调研的关系；

4. 能区别网络市场调研与传统市场调研；

5. 掌握网络市场调研的实施方法；

6. 具备网络市场调研报告的撰写能力。

素质目标：

1. 培养求真务实、认真负责的团队协作精神；

2. 具备尊重标准、尊重数据的信息素养；

3. 培养精益求精的工匠精神和创新精神。

## 知识导图

网络市场调研
- 网络市场调研认知
  - 网络市场调研的概念与特点
  - 网络市场调研内容与步骤
- 网络市场调研实施
  - 网络直接调研设计与实施
  - 网络间接调研设计与实施

## 案例导入

  1997年，国家主管部门研究决定由中国互联网络信息中心（CNNIC）牵头组织开展中国互联网络发展状况统计调查，形成了每年年初和年中定期发布《中国互联网络发展状况统计报告》的惯例，8月28日，发布了第52次《中国互联网络发展状况统计报告》（以下简称《报告》）。《报告》显示，截至2023年6月，我国网络购物用户规模达8.84亿人，较2022年12月增长3 880万人，占网民整体的82.0%。

  网络购物作为数字经济的重要业态，在助力消费增长中持续发挥积极作用。2023年上半年，全国网上零售额达7.16万亿元，同比增长13.1%。其中，实物商品网上零售额6.06万亿元，增长10.8%，占社会消费品零售总额的比重为26.6%。跨境电商保持快速增长，成为外贸新增长点。一是跨境电商成为外贸重要新生力量。2023年上半年，我国跨境电商进出口额达1.1万亿元，同比增长16%。跨境电商货物进出口规模占外贸比重由5年前的不足1%上升到5%左右；跨境电商主体已超10万家，建设独立站超20万个；跨境电商贸易伙伴遍布全球，与29个国家签署双边电子商务合作备忘录。二是跨境电商综合试验区建设不断推进。全国已设立165个跨境电商综合试验区，区内跨境电商进出口额占我国跨境电商进出口规模的比重已超90%。

  （资料来源：中国互联网络信息中心（CNNIC）https：//www.cnnic.cn/n4/2023/0828/c88-10829.html）

案例分析：作为一名网络市场调研专员，针对企业所处的互联网营销环境，全面了解中国互联网市场发展的现状，系统收集、整理、记录相关信息，并准确分析、科学预测其发展趋势，是企业有效开展网络营销的重要前提，是实现企业决策科学化的有效保障。

## 素养园地

党的二十大对加快建设数字中国作出重要部署，报告中指出，"坚持把发展经济的着力点放在实体经济上，推进新型工业化，加快建设制造强国、质量强国、航天强国、交通强国、网络强国、数字中国。"从十八大到二十大，我国数字经济发展速度之快、辐射范围之广、影响程度之深前所未有，推动着生产生活方式发生深刻变革。"加快发展数字经济，促进数字经济和实体经济深度融合，打造具有国际竞争力的数字产业集群。"

# 知识单元1 网络市场调研认知

## 单元导读

传统的市场调研一方面要投入大量的人力物力，调研费用大，另一方面，在传统的市场调研中，被调查者始终处于被动地位，企业不可能针对不同的消费者提供不同的调查问卷，而针对企业的调查，消费者一般也不予以反应和回复。而网络市场调研可以节省大量调查费用和人力，其也对调研数据的丰富性和准确性予以一定保障。那么，网络市场调研是什么，又是如何开展网络市场调研呢？

## 知识学习

### 一、网络市场调研的概念与特点

#### 1. 网络市场调研的概念

网络市场调研是网络市场调查与研究的简称。它指的是在互联网上运用科学的方法，针对特定营销环境，系统地收集、整理、记录和分析特定市场的信息，以期了解该网络市场的现状和预测其发展趋势的商业行为。

网络市场调研有两种方式：一种是利用互联网直接对被调查对象以进行问卷调查等方式收集一手资料，被称为网络直接调查；另一种是利用互联网的媒体功能，从互联网收集二手资料，一般称为网络间接调查。充分地进行网络市场调查研究、分析和预测是决策科学化的有效保障。

### 2. 网络市场调研的特点

网络市场调研是利用网络这种新兴的媒体，针对特定的市场环境进行调研活动。相对于传统的市场调研，它具有以下特点：

（1）速效性。

利用一些互联网的便携性软件，网上问卷在调查回收时就可以自动进行数据的分析、汇总和统计。网上问卷的发布和提交快捷，还可以根据问卷的回答情况即刻调整问卷的相关内容，使问卷本身的速效性得以提高。网络信息容量大、传播速度快，可以通过网络快速得到二手资料。

（2）经济性。

实施网络市场调研，只需要一台能上网的电脑即可，通过站点发布电子调研问卷，无须印刷和邮寄，网民自愿参与填写；同时参与人员不受地域和时间的限制，这大大节省了调研费用；调研过程中最繁重、最关键的信息采集和录入工作分布在众多网上用户终端上完成，可以不间断地接受调研表的填写；信息的检验和处理完全由计算机来完成，无须配备专门的人员，在降低调研费用的同时，也提高了调研资料统计的准确性。

（3）互动性。

传统市场调研只能提供固定的问卷，不能充分表达被调研者的意见。而网络市场调研的最大好处是交互性，因此在网上调查时，被调查对象可以及时就问卷相关问题提出自己更多的看法和建议，从而减少因问卷设计不合理导致的调查结论偏差。

（4）吸引性。

网络市场调研可以利用网络的特点来吸引更多的人加入。网上调查是开放的，任何网民都可以进行投票和查看结果，出于对调查结果的好奇，被调查对象对问题的关注度更高。

（5）不可掌控性。

网络市场调研，样本选择的代表性难以控制，也无法检验其真实性，许多时候往往无法知道网络后面的人的真实特征，甚至可能出现一个人多次填写同一个问卷的情况，这样会导致调研结果可信度降低。

（6）调研内容和对象的限制性。

目前，由于我国接触互联网的消费者人数有限，上网者多为大中城市受教育程度较高的年轻人，所以有些调研内容及调研对象并不适宜进行网络市场调研。

## 二、网络市场调研内容与步骤

### 1. 网络市场调研的内容

（1）市场环境的调查。

市场环境调查主要包括经济环境、政治环境、社会文化环境、科学环境和自然地理环境等。具体的调查内容可以是市场的购买力水平，经济结构，国家的方针、政策和法律法规，风俗习惯，科学发展动态，气候等各种影响市场营销的因素。

（2）市场需求调查。

市场需求调查主要包括消费者需求量调查、消费者收入调查、消费者结构调查、消费者行为调查（包括消费者为什么购买、购买什么、购买数量、购买频率、购买时间、购买方式、购买习惯、购买偏好和购买后的评价等）。

（3）市场供给调查。

市场供给调查主要包括产品生产能力调查、产品实体调查等。具体为某一产品市场可以提供的产品数量、质量、功能、型号、品牌，生产供应企业的情况等。

（4）市场营销因素调查。

市场营销因素调查主要包括产品、价格、渠道和促销的调查。产品的调查主要有了解市场上新产品开发情况、设计情况、消费者使用情况、消费者评价、产品生命周期阶段、产品组合情况等。产品的价格调查主要有了解消费者对价格的接受情况、对价格策略的反应等。渠道调查主要包括了解渠道的结构、中间商的情况、消费者对中间商的满意情况等。促销活动调查主要包括各种促销活动的效果，如广告实施的效果、人员推销的效果、营业推广的效果和对外宣传的市场反应等。

**思考探索**

传统营销调研与网络营销调研的内容相同，这种说法对吗？

### 2. 网络市场调研步骤

总的来看，网络市场调研的过程就是根据某种需要，收集、筛选、提炼、分析数据并进行展示的过程。其流程大致可分为四个阶段：明确问题与确定调研目标，制订收集数据的调研计划，收集、分析和处理调研数据（实施计划），撰写调研报告（图3-1）。

图3-1 网络市场调研的四个阶段

（1）明确问题与确定调研目标。

明确问题与确定调研目标对使用网上搜索的手段来说尤为重要。互联网是一个永无休止的信息流。当开始搜索时，可能无法精确地找到需要的重要数据，不过会沿路发现一些其他有价值抑或价值不大但很有趣的信息。这似乎验证了互联网上的信息搜索的定律：在互联网上你总能找到你不需要的东西。其结果是，你为之付出了时间和上网费的代价。

（2）制订收集数据的调研计划。

网上市场调研的第二个步骤是制订出最为有效的信息搜索计划。具体来说，要确定资料来源、调查方法、调查手段、抽样方案和联系方法。

①资料来源：确定收集的是二手资料还是一手资料（原始资料）。这将在本节的相关内容中详细介绍。

②调查方法：网上市场调查可以使用专题讨论法、问卷调查法和实验法。

a.专题讨论法借用新闻组、邮件列表讨论组和网络论坛的形式进行。

b.问卷调查法可以使用E-mail（主动出击）分送和在网站上刊登（被动）等形式。

c.实验法则是选择多个可比的主体组，分别赋予不同的实验方案，控制外部变量，并检查所观察到的差异是否具有统计上的显著性。这种方法与传统的市场调查所采用的原理是一致的，只是手段和内容有差别。

③调查手段：

a.在线问卷，其特点是制作简单、分发迅速、回收方便，但要注意问卷的设计水平。

b.交互式电脑辅助电话访谈系统，是指利用一种软件程序在电脑辅助电话访谈系统上设计问卷结构并在网上传输。互联网服务器直接与数据库连接，对收集到的被访者答案直接进行储存。

c.网络调研软件系统，是专门为网络调研设计的问卷链接及传输软件，包括整体问卷设计、网络服务器、数据库和数据传输程序。

d. 抽样方案，要确定抽样单位、样本规模和抽样程序。

e. 联系方法，采取网上交流的形式，如 E-mail 传输问卷、参加网上论坛等。

（3）收集、分析和处理调研数据（实施计划）。

网络通信技术的突飞猛进使得资料收集方法迅速发展。互联网没有时空和地域的限制，因此网上市场调研可以在全国甚至全球进行。同时，收集信息的方法也很简单，直接在网上递交或下载即可。这与传统市场调研收集资料的方式有很大的区别。

在问卷回答中访问者经常会有意无意地漏掉一些信息，这可通过在页面中嵌入脚本或 CGI 程序进行实时监控。如果访问者遗漏了问卷上的一些内容，其程序会拒绝递交调查表或者验证后重发给访问者要求补填。最终，访问者会收到证实问卷已完成的公告。在线问卷的缺点是无法保证问卷上所填信息的真实性。

收集信息后要做的是分析信息，这一步非常关键。调查人员如何从数据中提炼出与调查目标相关的信息，直接影响最终的结果。要使用一些数据分析技术，如交叉列表分析技术、概括技术、综合指标分析和动态分析等。目前国际上较为通用的分析软件有 SPSS、SAS 等。

（4）撰写调研报告。

市场调研工作的成果将体现在最后的调研报告中，调研报告将提交企业决策者，作为企业制定市场营销策略的依据。市场调研报告要按规范的格式撰写，一个完整的市场调研报告格式由题目、目录、概要、正文、结论和建议、附件等组成。

## 拓展延伸

### 实用的海外市场调研网站

1. Google Trends

提供了海外各地的搜索趋势和兴趣点数据。可以通过输入关键词，查看并比较不同地区对某个产品的搜索兴趣，了解其受欢迎程度和趋势。

2. Amazon Best Sellers

展示了不同地区和类别的热门产品。你可以浏览某个类别在不同地区的畅销产品列表，了解消费者的购买偏好和趋势。

3. Pinterest Trends

一个可视化的工具，展示了不同地区和类别的搜索趋势和兴趣点。可以更直观地比较不同地区对某个品类的搜索兴趣，了解其受欢迎程度和趋势。

4. Similarweb

通过谷歌搜索产品核心关键词找到同行，分析同行的产品、建站设计、流量来源。主要包括用户活跃情况、地理分布、基础人口特征、兴趣、营销渠道等。

5. buzzsumo 分析网站

主要用于选品找灵感，可以发现 Facebook，X，Pinterest 等平台流行词和互动情况，监控网站评论或者趋势。

## 知识单元2　网络市场调研实施

### 单元导读

网络市场调研的优势是非常突出的，一是它的互动性，这种互动不仅表现在消费者对现有产品的发表意见和建议，更表现在消费者对尚处于概念阶段产品的参与，这种参与将能够使企业更好地了解市场的需求，而且可以洞察市场的潜在需求；二是网络调研的及时性，网络的传输速度快，一方面调研的信息传递到用户的速度加快，另一方面用户向调研者的传递信息的速度也加快了，这就保证了市场调研的及时性；三是网络调研的便捷性和经济性，无论是对调查者还是被调查者，网络调查的便捷性都是非常明显的。既然网络市场调研的优势明显，那么怎么按照调研分类进行设计与实施呢？

### 知识学习

## 一、网络直接调研设计与实施

### 1. 网络直接调研分类

根据采用的调查方法不同，可以分为网上问卷调查法、网上实验法和网上观察法，常用的是网上问卷调查法。按照调查者组织调查样本的行为，网上调查可以分为主动调查法和被动调查法。主动调查法，即调查者主动组织调查样本，完成统计调查的方法。被动调查法，即调查者被动地等待调查样本造访，完成统计调查的方法。被动调查法的出现是统计调查的一种新情况。按网上调查采用的技术可以分为站点法、电子邮件法、随机 IP 法和视讯会议法等。

站点法，是指将调查问卷的 HTML（超文本标记语言）文件附加在一个或几个网络网站的 Web 上，由浏览这些站点的网上用户在此 Web 上回答调查问题的方法。站点法属于被动调查法，这是目前出现的网上调查的基本方法，也将成为近期网上调查的主要方法。

电子邮件法，是指通过给被调查者发送电子邮件的形式将调查问卷发给一些特定的网上用户，由用户填写后以电子邮件的形式再反馈给调查者的调查方法。电子邮件法属于主动调查法，与传统邮件法相似，优点是邮件传送的时效性大大地提高了。

随机 IP 法，是以产生一批随机 IP 地址作为抽样样本的调查方法。随机 IP 法属于主动调查法，其理论基础是随机抽样。利用该方法可以进行纯随机抽样，也可以依据一定的标志排队进行分层抽样和分段抽样。

视讯会议法，是指基于 Web 的计算机辅助访问（Computer Assisted Web Interviewing，CAWI），是将分散在不同地域的被调查者通过互联网视讯会议功能虚拟地组织起来，在主持人的引导下讨论调查问题的调查方法。

### 2. 网络直接调研方式

（1）利用企业自身的网站。网站本身就是宣传媒体，如果企业自身的网站已经拥有固定的访问者，完全可以利用自己的网站开展网上调查。这种方式要求企业的网站必须有调查分析功能，对企业的技术要求比较高，但可以充分发挥网站的综合效益。

（2）借用第三方网站。如果企业没有建立自己的网站，可以利用第三方网站进行调查。这里包括访问者众多的网络媒体提供商（ICP）或直接查询需要的信息。这种方式比较简单，企业不需要建设网站和进行技术准备，但必须额外支付一定费用。

（3）混合型。如果企业网站虽已建设好但还没有固定的访问者，可以在自己的网站调查，并与其他一些著名的 ISP/ICP 网站建立广告链接，以吸引访问者参与调查。这种方式是目前常用的方式，根据调查研究表明传统的优势品牌一定是网上的优势品牌，因此它需要在网上重新发布广告，以吸引顾客访问网站。

（4）E-mail 型。这种方式直接向潜在客户发送调查问卷，比较简单直接，而且费用非常低廉。但要求企业必须积累有效的客户 E-mail 地址，而且客户的反馈率一般不会非常高。采取该方式时要注意是否会引起被调查对象的反感，最好能提供一些奖品作为对被调查对象的补偿。

（5）讨论组型。在相应的讨论组中发布问卷信息，或者发布调查题目，这种方式与E-mail 型一样，成本费用比较低廉而且是主动型的。但在指向 Web 网站上的问卷在新闻讨论组（Usernet）和公告栏（BBS）上发布信息时，要注意网上行为规范，调查的内容应与讨论组主题相关，否则可能会导致被调查对象反感甚至抗议。

### 3. 网络直接调研实施

（1）明确调研目标。

明确调研目标对使用网上搜索的手段来说尤为重要，以免为之付出时间和上网费的代价。因此，在开始网上搜索时，头脑里要有一个清晰的目标并留心去寻找。一些可以设定的目标是：

①谁有可能想在网上使用你的产品或服务？

②谁是最有可能买你提供的产品或服务的客户？

③在你这个行业，谁已经上网？他们在干什么？

④你的客户对你竞争者的印象如何？

（2）设计问卷。

采用网上问卷调查时，问卷设计的质量直接影响调查效果。网上调查问卷设计不合理，网民可能拒绝参与调查，更谈不上调查效果了。因此，在设计问卷时除了遵循一般问卷设计中的一些要求外，还应该注意以下几点：

①在网上调查问卷中附加多媒体背景资料。

②注意特征标志的重要作用。

③进行选择性调查。

④注意问卷的合理性。在问卷中设置合理数量的问题和控制填写问卷时间，有助于提高问卷的完整性和有效性。

⑤注意保护调查对象的个人隐私。

（3）分析信息。

收集信息后要做的是分析信息，这一步非常关键。"答案不在信息中，而在调查人员的头脑中。"调查人员如何从数据中提炼出与调查目标相关的信息，将直接影响最终的结果。要使用一些数据分析技术，如交叉列表分析技术、概括技术、综合指标分析和动态分析等。网上信息的一大特征是即时呈现，而且很多竞争者还可能从一些知名的商业网站上看到同样的信息，因此分析信息能力相当重要，它能使你在动态的变化中捕捉到商机。

（4）提交报告。

调研报告的撰写是整个调研活动的最后一个阶段。调研报告不是数据和资料的简单堆砌，调研人员不能把大量的数字和复杂的统计技术交给管理人员处理，否则就失去了调研的价值。调研人员要做的是把与市场营销关键决策有关的主要调查结果报告出来，并以调查报告所应具备的正规结构写作。

作为对填表者的一种激励或犒赏，网上调查应尽可能地把调查报告的全部结果反馈给填表者或广大读者。如果限定为填表者，只需分配给填表者一个进入密码。对一些"举手之劳"式的简单调查，可以互动的形式公布统计结果，效果更佳。

**思考探索**

网络营销直接调研中什么方法更适合产品口味偏好性调研？阐述你的理由。

## 二、网络间接调研设计与实施

### 1. 网络间接信息来源

间接信息的来源包括企业内部信息源和企业外部信息源两个方面。与市场有关的企业内部信息源，主要是企业自己搜集、整理的市场信息、企业产品在市场销售的各种记录、档案材料和历史资料，如客户名称表，购货销货记录，推销员报告，客户和中间商的通信、信件等。企业外部的市场信息源包括的范围极广，主要是国内外有关的公共机构。

（1）本国政府机构网站。政府有关部门、国际贸易研究机构以及设在各国的办事机构，通常较全面地收集了世界或所在国的市场信息资料。本国的对外贸易公司、外贸咨询公司等，也可以提供较为详细、系统、专门化的国际市场信息资料。

（2）外国政府网站。世界各国政府都有相应的部门收集国际市场资料，很多发达国家专设贸易资料服务机构，向发展中国家的出口企业提供部分或全部市场营销信息资料。此外，每个国家的统计机关都定期发布各种系统的统计数字，一些国家的海关甚至可以提供比公布的数字更为详尽的市场贸易和营销方面的资料。

（3）图书馆。公共图书馆和大学图书馆，至少可以提供市场背景资料的文件和研究报告。最有价值的信息往往来自附属于对外贸易部门的图书馆，这种图书馆起码能提供各种贸易统计数字、有关市场的产品、价格情况以及国际市场分销渠道和中间商的基本的市场信息资料。

（4）国际组织。与国际市场信息有关的主要有：

①联合国（United Nations）。出版有关国际的和国别的贸易、工业和其他经济方面的统计资料，以及与市场发展问题有关的资料。

②国际贸易中心（International Trade Center）。提供特种产品的研究、各国市场介绍资料，还设有答复咨询的服务机构，专门提供由电子计算机处理的国际市场贸易方面的全面、完整、系统的资料。

③国际货币基金组织（International Monetary Fund）。出版有关各国和国际市场的外汇管理、贸易关系、贸易壁垒，各国对外贸易和财政经济发展情况等资料。

④世界银行（World Bank）。

⑤世界贸易组织（World Trade Organization）。

此外，一些国际性和地方性组织提供的信息资料，对了解特定地区或国际经济集团和经济贸易、市场发展、国际市场营销环境也是非常有用的。

通过互联网访问相关企业或者组织机构的网站，企业可以很容易地获取市场中许多信息和资料。因此，在网络信息时代，信息的获取不再是难事，困难的是如何在信息海洋中找出企业需要的有用信息。

### 2. 网络间接调研方法

网络间接调研主要是利用互联网收集与企业营销相关的市场、竞争者、消费者以及宏 观环境等方面的信息。企业用得最多的还是网络间接调研方法，因为它的信息广泛，能满足企业管理决策需要；而网络直接调研一般只适合针对特定问题进行专项调查。网络间接调研渠道主要有 WWW，Usernet，BBS，E-mail。其中 WWW 是最主要的信息来源。根据统计，目前全球有 8 亿个 Web 网页，每个 Web 网页的信息包罗万象，无所不有。

网上间接调研方法一般是通过搜索引擎检索有关站点的网址，然后访问想查找信息的网站或网页。提供信息服务和查询的网站一般都提供有信息检索和查询的功能。

# 任务实训

## 任务实训 1　网络市场调研

### 【任务描述】

图仕实业有限公司是一家销售室内装潢涂料的企业。该公司为了了解同行业竞争对手在产品种类、价格、销售策略、发展战略等方面的情况，计划通过网络搜集信息和完成网络营销调查报告。假设你是该公司的市场总监，请你组织你的网络营销调研小组，完成相关工作。

### 【任务要求】

要求学生以小组为单位完成实训任务，设计、发放、回收问卷（可以在线进行、线下进行或两者相结合），问卷形式自拟，发出问卷不少于 100 份，回收问卷不少于 80 份；问卷格式的设置（小四号宋体，不加粗，行间距 1.5 倍，首行缩进两个字符）。

## 【任务分析】

要开展网络市场调研，首先应该分析调研商品的属性，搜集相关竞争对手的产品信息，如表 3-1 所示，再从网络市场调研的步骤入手，明确问题与确定调研目标、制订收集数据的调研计划并收集、分析和处理调研数据（实施计划）。

## 【任务实施】

步骤一：确定网络市场调研目标，运用各种搜索工具，搜集三个同行业竞争对手的信息（表格）。

步骤二：设计市场调查问卷，通过在线投放和线下调查相结合的方法收集第一手资料。（说明做什么类型的市场调查问卷？为什么？）

步骤三：制订调研实施计划。（列出 1、2、3）

步骤四：根据收集到的资料，撰写实训报告。（说明主要的格式）

表 3-1　同行业品牌涂料相关性质

| 序号 | 品牌 | 产品种类 | 价格 | 销售策略 | 发展战略 |
|---|---|---|---|---|---|
| 1 | 多乐士 | 乳胶漆、木器漆、墙面漆 | 750元左右一套 | 为消费者提供专业的环保产品和领先的色彩咨询及涂刷方案 | 成为行业内最高的安全环保的标杆 |
| 2 | 嘉宝莉 | 家具漆、水性木器漆、工业漆 | 338元左右一套 | 实现产、学、研相结合的策略，不断向市场推出新产品 | 注重对环保涂料的开发和研制，致力于打造最健康的高品质涂料品牌 |
| 3 | 立邦 | 木器、金属表面用漆 | 599元左右一套 | 销售高质量高品质的产品，不断创新产品 | 始终以开发绿色产品、注重高科技、高品质为目标，以技术力量不断推进科研和开发，满足消费者需求 |

## 【任务总结】

请对本次实训任务进行总结

收获与成长：

_____

_____

_____

问题与困难：

_____

_____

_____

## 【任务评价】

对本次工作任务实施情况、完成态度、团队合作进行评价，填写过程评价（表3-2）。

表3-2 任务评价表

| 评价项目 | 评价内容 | 分数 | 评价说明 | 自我评价 | 小组评分 | 老师评分 |
|---|---|---|---|---|---|---|
| 任务实施（60分） | 搜集同行业其他品牌产品的信息 | 20分 | 自主思考、总结、分析 | | | |
| | 设计调查问卷 | 20分 | 设计调查问题、方面 | | | |
| | 明确网络市场调研步骤和特点 | 20分 | 设计出调研的步骤 | | | |
| 工作技能（20分） | 设计实施网络市场调研 | 10分 | 对网络市场调研活动进行全面、细致实施 | | | |
| | 思考总结，形成报告 | 10分 | 根据相关资料，结合调研材料，进行分析和总结 | | | |
| 职业素养（20分） | 团队协作 | 5分 | 快速地协助相关同学进行工作 | | | |
| | 沟通表达 | 5分 | 主动提出问题，快速有效地明确任务需求 | | | |
| | 认真严谨 | 10分 | 充分运用数据进行决策、优化策略 | | | |
| 计分 | | | | | | |
| 总分（按自我评价30%，小组评价30%，教师评价40%计算） | | | | | | |

## 项目练习

### 一、判断题（正确的打"√"，错误的打"×"）

1. 与传统调研方法相比，网络市场调研没有缺点。（　　）

2. 网上商店成功的关键是商品丰富。（　　）

3. 网络直接调研和网络间接调研方式一致。（　　）

4. 与传统营销管理一样，网络营销计划同样要先明确其目标营销。（　　）

5. 浏览者点击进入一个网站，然后进行的一系列点击就是访客量。（　　）

6. 根据旗帜广告是否有超链接进行分类，旗帜广告可以分为静态的旗帜广告和动态的旗帜广告。（　　）

7. 电子支付的方式有电子货币和电子支票。电子货币主要用于商家与消费者之间的小额支付。（　　）

## 二、分析题

1. 开展网络市场调研应坚持哪些原则？

2. 与传统调研方法相比，网络市场调研有哪些特点？

3. 分析网络商务信息的收集渠道与方法。

## 项目小结

网络市场调研是网络市场调查与研究的简称。它指的是在互联网上运用科学的方法，针对特定营销环境系统地收集、整理、记录和分析特定市场的信息，以期了解该网络市场的现状和预测其发展趋势的商业行为。

网络营销调研是利用网络这种新兴的媒体，针对特定的营销环境进行营销调研活动。市场调研的过程就是根据某种需要，收集、筛选、提炼、分析数据并进行展示的过程。

# 项目四　网络产品营销推广

## 项目引言

随着互联网技术与经济全球化的发展，网络产品营销变得越来越重要。企业首先要从消费者角度出发，充分满足消费者需求，不断开发新产品，适应消费者需求的变化；其次，要根据市场变化，制定网络营销策略，设计网络营销渠道，选择合适的网络营销推广工具，将消费者满意的产品推销出去，最终达到企业与消费者双赢的目的。

## 项目目标

学习目标：

1. 了解网络产品和新品的概念、网络产品的层次，熟悉网络产品价格的构成；

2. 掌握网络渠道的类型以及网络渠道和传统渠道的区别；

3. 掌握网络产品促销的策略、网络产品营销推广的方法；

4. 能够通过分析产品层次的不同开发新产品，根据产品价格进行网络产品定价；

5. 针对企业产品性质选择合适渠道推广产品，综合运用各种营销方法进行产品推广。

素质目标：

1. 树立创新意识与创新精神；

2. 培养遵纪守法，守信经营的职业道德；

3. 培养爱岗敬业、追求卓越的道德情操；

4. 培养崇尚科技、自立自强的创业精神。

## 知识导图

网络产品营销推广
- 网络营销推广策略
  - 网络营销产品与开发策略
  - 网络营销成本与定价策略
  - 网络分销策略与网络促销策略
  - 网络广告策略与网络公关策略
- 网络营销推广工具分析
  - 电子邮件与软文营销推广
  - 微信、微博营销推广
  - 众筹、论坛、网红营销推广
  - 事件、活动、整合营销推广

## 案例导入

　　7月20日，"京东青州花卉电商战略签约会"在山东潍坊青州市成功举办。会上，京东、青州市政府就建立花卉电商示范基地、扶持当地花卉企业电商化发展、推动传统花卉向现代花卉产业转型达成一系列战略合作。

　　山东省潍坊市青州素有"东方花都"之美誉，是北方最大的花卉苗木集散基地，盛产多肉绿植。由于地理位置靠近韩国，并且和韩国处于同纬度地区，很多进口的多肉品种都在青州繁培。目前，全市花卉产业正处于转型升级期，当地政府一方面引导鼓励本地花企、花农拓展网络销售，另一方面积极引入电商企业扩大产业规模，随着"京东·青州花卉电商示范区"的正式挂牌，中国最大的自营电商企业和"中国苗木之乡"走到一起，通过发挥各自优势，将使青州花卉找到新增长极，助力苗木产品更好更快地走向全国。

　　案例分析：青州与京东战略合作，可以大幅减少绿植在流通渠道的费用和耗损，增加花农的收入。同时，消费者可以通过京东平台购买到高质量的绿植，享受京东品质服务。京东遍布全国的物流网络可以改善过去绿植商品不易运输、流通中损耗大的情况。花农可以直接在京东平台上对终端客户直接销售商品，京东强大的物流实力将最大限度减少货物的流通和搬运，提高送货速度，在保证用户体验的同时，将过去渠道的利润转变成为花农的利润。

### 素养园地

来到位于山东省菏泽市曹县安蔡楼镇的有爱云仓汉服直播基地，宛如进入一条古今交融的时光隧道：汉的雄伟、唐的繁荣、宋的风雅、明的辉煌……穿梭其中，仿佛穿越了千年光阴。负责人谢倩正忙着整理刚到的服装，正值销售旺季，店里即将上架一批冬装新款，"等会主播们就来上播了，得抓紧整理出来"。

曹县汉服协会会长胡春青介绍，2023 年 1 月至 10 月，曹县汉服销售额达 63.71 亿元，占全国销售市场的 40%。

2021 年，一句"北上广曹"的网络调侃，把曹县推到了大众面前，让这个曾经十分贫困的农业大县成为热议的焦点。曹县借力发力，寻找细分赛道，顺势把曹县的演出服、汉服、木制工艺品推向市场，形成集群效应，乘着互联网热度迅速"出圈"，把这一波网络流量转化为发展的增量。

"目前，曹县有汉服上下游企业 2 282 家，网店 13 989 家，汉服从业者近 10 万人，做到了 5 公里以内的产业集群化，形成了完整的产业链条和品牌孵化体系，具有很强的生产能力。"曹县电商服务中心主任张龙飞告诉记者，目前，总投资超百亿元的 e 裳之都·中国（曹县）华服智创城项目已经启动，力争把曹县打造成为中国古装影视剧情景体验中心、中国汉服设计大赛交流中心和中国汉服文化研究交流中心。

中国社会科学院原院长王伟光认为，菏泽作为工商业起步晚、基础差的"后来者"，在体制机制改革过程中，坚持找准发展方向再发力，不搞"大水漫灌"，以发展重点产业为突破点，突出特色、有的放矢，努力破除各方面弊端，持续推动改革走深走实。

资料来源：央媒看山东丨《经济日报》关注菏泽：欠发达地区找准转型发力点

## 知识单元1　网络营销推广策略

###  单元导读

网络社会的发展，使消费者能够更加方便地进行产品和服务的选择，同时也实现了

企业的利益。但是如何能够让企业的产品和服务更加符合消费者的需求，更加方便、快捷地进行购买，在整个购买的过程中消费者是否得到了更多的服务，觉得物超所值，能够进行重复购买，都体现了企业网络营销的能力。

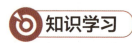 **知识学习**

## 一、网络营销产品与开发策略

### 1. 网络营销产品的概念与层次

（1）网络营销产品的概念。

产品作为连接企业利益与消费者利益的桥梁，包括有形物体、服务、人员、地点、组织和构思。在网络营销中，产品仍然发挥着同样重要的作用。产品是指能提供给市场以引起人们注意、获取、使用或消费，从而满足人们某种欲望或需要的一切有形或无形的产品。网络营销产品指的是通过网络营销，消费者所期望的能满足其需求的所有有形实物产品和无形服务，由核心产品、形式产品、期望产品、延伸产品和潜在产品五个层次组成。

（2）网络营销产品的层次。

网络营销是在网上虚拟市场开展营销活动实现企业营销目标，在面对与传统市场有差异的网上虚拟市场时，必须满足网上消费者一些特有的需求特征，因此网络营销产品内涵与传统产品内涵有一定的差异性，主要是网络营销产品的层次比以前传统营销产品的层次大大拓展了。网络营销产品的层次主要由以下五个部分构成。

①核心产品。

核心产品是指消费者期望通过交易得到的最为核心或最为基本的效用。网络营销产品能够提供给消费者的基本效用或益处，是消费者真正想要购买的基本效用或益处，它是消费者购买这种类型产品的实质所在。例如，消费者购买手机的目的是与他人沟通，购买面包的目的是充饥等。但也要注意不同类型的消费者对相同产品的核心产品有不同的需求，如消费者购买帽子，有的是为了保暖，有的是为了美观。

②形式产品。

形式产品主要指产品在市场上出现的具体物质形态，产品的基本效用都是需要通过形式产品的物质形态进行体现的。形式产品主要包括品质、特色、商标、式样、包装五个方面，是核心产品的物质载体。例如，五芳斋的粽子标志和富有江南气息的包装，给了消费者以不同的感受和视觉印象。

③期望产品。

期望产品是顾客在购买产品前对所购产品的质量水平、使用方便程度、特性等方面的期望值。在网络营销中，顾客处于主导地位，消费呈现个性化的特征，不同的消费者可能对产品的要求不同，因此产品的设计和开发必须满足顾客的个性化消费需求。一般要求生产有形产品的企业在产品设计、生产以及销售等方面与消费者需求进行对接，而无形产品则需要企业根据顾客需求来进行生产或服务。例如，开发软件需要根据企业的需求进行设计。

④延伸产品。

延伸产品是指产品的生产者或经营者为消费者提供的附加服务，是企业提供的满足顾客延伸需求的部分，主要是协助顾客更好地使用核心产品或服务。在网络营销中，延伸产品层次要注意提供满意的售后服务、送货、质量保证等，这是因为网络营销产品市场的全球性，如果不能很好地解决这些问题，势必影响网络营销的市场广度。对于有形产品要注意为顾客提供及时的物流配送、质量保证以及售后服务等；无形产品则需要向顾客提供各类服务，如下载服务、更新服务等。

⑤潜在产品。

潜在产品是企业提供的能满足顾客潜在需求的产品，它主要是产品的一种增值服务，与延伸产品的主要区别是顾客没有潜在产品仍然可以很好地使用其需要的产品的核心利益或服务。但是潜在产品是该类产品将来发展的趋势，将来该类产品的潜在产品可能成为主流，如智能手机的发展，极大地改进了手机产品的性能，潜在产品一般是企业研发和消费需求相结合的潜在产品新形态。

### 2. 网络产品的分类

随着网络技术的发展和企业网络营销手段的丰富以及消费者需求的多样化，越来越多的产品通过网络销售。目前，网络产品按照性质的不同，主要分为有形产品和无形产品两大类。

（1）有形产品。有形产品是指具有具体物理形态的物质产品，包括工业品、农业品和消费品等。在网络上销售有形产品的过程与传统的购物方式有所不同。在这里已没有传统的面对面的买卖方式，网络上的交互式交流成为买卖双方交流的主要形式。消费者或客户通过卖方的主页考察其产品，通过填写表格表达自己对品种、质量、价格、数量的选择，当达成交易后，企业按照消费者要求在一定时间内将产品送达消费者，而消费者则需要等待一段时间才能对产品进行消费。有形产品又可以按照购买性质分为便利产品、选购产品和特殊产品三类。

（2）无形产品。

无形产品一般没有具体的形态，是无形的，即使表现出一定形态也是通过其载体体现出来，产品本身的性质和性能需要通过其他方式才能表现出来，如软件平台、电子设备等。

在网络上销售的无形产品大致有两大类：软件和服务。软件包括计算机系统软件和应用软件。网上软件销售商常常可以提供一段时间的试用期，允许用户尝试使用并提出意见，如各种网络游戏、电子杂志和图书等。服务可以分为普通服务和信息咨询服务两大类，普通服务包括远程医疗、法律救助、航空火车订票、入场券预定、饭店旅游服务预约、医院预约挂号、网络交友、电脑游戏等，信息咨询服务包括法律咨询、医药咨询、股市行情分析、金融咨询、资料库检索、电子新闻、电子报刊等。

### 3. 网络营销新产品开发策略

网络营销新产品开发与传统产品相比，开发策略发生了很大的变化，主要有以下几个方面：

（1）新问世的产品。

新问世的产品策略主要是创新公司采用的策略。网络时代使得市场需求发生了根本性变化，消费者的需求和消费心理也发生了重大变化。因此，如果有很好的产品构思和服务概念，通过互联网将会很快付诸实践。例如，我国专门为商人服务的阿里巴巴网站，凭借提出独到的为商人提供网上免费中介服务的概念，迅速成长起来。

（2）新产品线。

互联网的技术扩散速度非常快，利用互联网迅速模仿和研制开发出已有产品是一条捷径，企业首次进入现有市场的新产品，如小米手机可直接通过互联网上线。但因为新产品开发速度非常快，用该策略进行新品发布的过程中要加速新品的开发，否则将会被其他公司超越。

（3）现有产品线外新增加的产品。

随着市场的不断细分，市场需求差异性的增大，通过研发新产品补充企业现有产品线的长度和深度是一种比较有效的策略。首先，它能满足不同层次的差异性需求；其次，它能以较低风险进行新产品开发，因为它是在已经成功的产品上再进行开发。例如，OPPO手机不断推出拍照手机等迎合消费者需求。

（4）改良或更新现有产品。

企业提供改善了功能或具有较大感知价值并替换现有产品的新产品。在网络营销市场中，由于可以在很大范围内挑选商品，消费者具有很大的选择权利。企业在面对消费者需求品质日益提高的驱动下，必须不断改进现有产品和进行升级换代，否则很容易被市场抛弃。目前，产品的信息化、智能化和网络化是必须考虑的，如电视机的数字化和上网功能。

（5）具有成本优势的新产品。

网络时代的消费者虽然注重个性化消费，但个性化消费不等于高档次消费。个性化消费意味着消费者根据自己的个人情况，包括收入、地位、家庭以及爱好等来确定自己的需要，因此消费者的消费意识更趋向理性化，消费者更强调产品给自己带来的价值，同时包括所花费的代价。企业可以提供具有相同功能但成本较低的产品。在网络营销中，产品的价格总是呈下降趋势，因此提供具有相同功能但成本更低的产品更能满足日益成熟的市场需求。

## 二、网络营销成本与定价策略

价格是市场营销中非常重要的一个部分，而定价在网络营销中也十分敏感。由于网络平台价格的可比性更高，网络价格是否合适直接关系顾客对产品的接受程度，影响企业网络营销的效果。而如何进行定价需要了解网络营销下产品成分的构成以及决定价格的各种因素。

### 1. 网络营销成本分析

通过网络进行产品销售的成本主要包括产品的生产成本、网络建设成本、网站推广成本、物流配送成本、顾客服务成本以及各种税务支出和管理费用等。

（1）生产成本。网络销售的产品主要有有形产品和无形产品两大类产品。有形产品的生产成本主要有生产该产品的各种原材料费用、采购费用等，一般可以分为固定成本、变动成本、边际成本和机会成本等，有形产品的成本高低主要与生产企业的生产水平、原材料的采购能力以及企业的劳动效率等有关。无形产品主要有数字化产品和服务产品两种。数字化产品的生产成本主要是开发过程中的人力成本，包括员工的工资、管理费用等。服务产品具有无形性、不可分割性、可变性和易消失性等特点，它的生产成本主要是企业付出的人力成本和管理成本，如新浪网站所提供的信息浏览服务，网站中的各种信息的采集、加工、整理等工作都必须由相关人员进行收集和整理。

（2）网络化建设成本。企业要进行网络营销，首先就需要网络硬件和维护网络成本。硬件成本有硬件设备的购置和安装费用、网络服务软件成本、域名的注册费用、空间租赁费用、网页设计费用等。采用第三方平台企业，要向平台支付相关的平台费用。而企业一旦开始运行网络平台，网络维护成本就成为企业网络化建设的主要成本，以保证企业网络的正常运行，另外如果通过网络平台进行产品的销售，还需要对产品进行拍照、修图，产品描述，上传等工作，产生专业运营人员的成本。

（3）网站推广成本。网络推广以提高网站访问量为目的，主要可以通过注册搜索引擎、关联营销、联盟营销以及网络广告、网络公关等各种方法推广，企业通过网络推广方法可以让更多的顾客认识、了解自己的网站并能够形成销售。

（4）物流配送成本。配送是按顾客的要求，在企业内部或物流仓库进行分货、配货工作，并将配好之后的货物交给物流环节的过程。在配送过程中，我们需要分拣包装等相关工作人员来完成这个工作，产生配送成本。物流成本就是货物由企业到顾客手中所产生的费用。

（5）顾客服务成本。顾客在购物过程中所产生的各种问题都需要进行咨询了解，各种服务软件成本和维护运营需要大量的工作人员成本，从而形成了顾客服务成本，通过高质量的顾客服务，可提升顾客的满意度和忠诚度，提升网络营销效果。

（6）各种税务支出和管理费用。企业在进行网络销售的过程中，要根据销售情况向政府交纳一系列的税费，如增值税、企业所得税、印花税等税费，后期将会增加产品成本。另外还有管理费用，如各种行政办公费用、管理费用等，这些费用需要企业根据生产能力和管理水平的高低进行分配，属于隐性成本的一部分。

### 2. 网络营销定价方法

价格是消费者为取得同等价值的产品或服务所愿意支付的货币数目，而根据企业和消费者的需求情况不同，定价方法也有所差异。企业定价主要考虑三个方面的因素，即成本、市场需求和竞争者状况三个方面的因素。在网络营销中，也可以从这三个方面采取相应的定价方法，即成本导向定价法、需求导向定价法和竞争导向定价法。

（1）成本导向定价法。

成本导向定价法是一种主要根据产品的成本决定其销售价格的定价方法，其主要优点在于简便易用、比较公平，主要有以下两种方法：

①成本加成定价法。

成本加成定价法是一种传统的产品定价方法。成本加成一般就是在商品总成本的基础上，再加上预期利润来确定产品销售价格。一般的中小企业和传统企业转入网络平台都是以这种方法来进行定价的。这种方法简单易行，但对网络市场消费者接受程度的考虑不足。

②目标利润定价法。

目标利润定价法是根据企业的总成本和计划的总销售量，加上按投资收益率制定的目标利润作为销售价格的定价方法。使用目标利润定价法，首先要估算出不同产量的总成本，未来阶段的总销售量，然后决定期望达到的收益率，才能制定出价格。目标利润定价法与成本加成定价法的区别在于，价格与销量的关系是由需求弹性决定的。因此要准确预估市场需求，以确保实现预期利润。

（2）需求导向定价法。

需求导向定价法是根据网络市场和消费者需求来进行定价的一种方法。它考核的重点是消费者需求，而非企业成本，从定价本质进行了改变，更加符合现代网络营销的特征。主要有以下三种方法：

①认知定价法。

认知定价法是企业将消费者对该产品的主观认知作为产品价格的主要制定标准。认知定价需要进行市场的大量调研，掌握消费者对该产品的消费能力和价格承受力。认知定价虽然符合消费者的需求，但是可能与企业产品的客观真实价值有所差异，因此，一般需要与价值定价法相结合。

②价值定价法。

价值定价法是指尽量让产品的价格反映产品的实际价值，以合理的定价提供合适的质量和良好的服务组合。企业要让消费者在物有所值的感觉中购买商品，以长期保持消费者对企业产品的忠诚。在网络平台中，消费者会对产品有一个自己对该产品的价值认定，价格偏低则可能认为是伪劣产品，而价值过高则超过消费者的需求，因此价值认知定价在网络营销中有非常重要的运用。例如，五芳斋天猫旗舰店，产品定价要比很多粽子定价高，但是消费者认可五芳斋品牌和产品，认为五芳斋产品值得付出这个价格，同时也就会购买。

③差别定价法。

差别定价法是指企业依据其自身及产品的差异性，特意制定出高于或低于市场竞争者的价格，甚至直接利用价格优势作为企业产品的差异特征。但差别定价是依据消费者对产品的价值和质量认知的差别进行的定价，在制定价格差别的同时也要注意质量的差异。

（3）竞争导向定价法。

竞争导向定价法是指企业对竞争对手的价值保持密切关注，以对手的价格作为自己产品定价的主要依据。主要有以下三种方法：

①随行就市定价法。

随行就市定价法是指企业在定价时参考大多数企业的价格标准，然后再制定出自己产品的价格。该价格与竞争对手的价格相差无几。例如，淘宝店上新品，一般会调研网络平台其他店铺的产品价格，然后再制定自己的价格。

②密封投标定价法。

密封投标定价法是指当多家供应商竞争企业的同一个采购项目时，企业在对竞争对手价格了解的基础上进行定价，竞争对手的价格不是透明的，企业在出价时，价格也不是透明的，一般是通过低于竞争对手的报价来获取订单。供应商对标的物的报价是决定竞标成功与否的关键。很多企业在进行大型网络投标前往往会拟订几套方案，计算出各方案的利润并根据对竞争者的了解预测出各方案可能中标的概率，然后计算各方案的期望利润，选择期望值最大的投标方案。

③拍卖定价法。

拍卖定价法是指出售者委托互联网企业或拍卖网站在特定情况下公开对产品进行拍卖，引导买方报价，利用买方竞争求购的心理，从中选择价高者得到该产品的一种定价方式。eBay就是典型的拍卖型网站，在定价中给出一个基础价，由顾客根据自己的需求情况进行出价，最后由出价最高的顾客获得。

总之，网络营销的过程中在考虑网络平台竞争情况的基础上，还要充分考虑顾客对价格的接受情况，针对顾客对产品价值的心理预期进行分析，制定出符合顾客需求的价格。

### 3. 网络产品定价策略

企业应根据产品的定价方法对产品进行基本的价格核算，但是价格不是一成不变的，需要根据网络平台的消费需求进行价格策略调整，以促进消费者及时下单购买。常见的网络产品定价策略有以下几种：

（1）低价策略。

消费者在网上购买产品，由于销售成本比传统销售渠道的销售费用要低，产品价格比较有竞争力，因此采用低价策略进行营销是大部分中小企业倾向的一种策略。低价策略可以分为直接低价定价策略、折扣策略、网上促销定价策略。直接低价就是产品以低廉的价格吸引消费者，如淘宝上9.9元包邮的产品销量过万。折扣定价是本身价格较高，通过某种原因进行打折，形成低价格吸引消费的一种方式。折扣又可以分为直接折扣和间接折扣两种，直接折扣有数量折扣、现金折扣、功能折扣和季节折扣等形式，间接折扣有回扣和津贴等形式。网上促销定价策略则是企业由于某种原因在某些时刻进行促销活动，形成实质性的低价吸引消费者，如聚美优品通过在"双十一"满199减100的方式产生了大量的订单。

实施低价策略时企业应注意：该策略不适用于那些消费者对价格敏感而企业又难以降价的产品。同时在网上公布价格时要注意区分消费对象，一般要区分一般消费者、零售商、批发商、合作伙伴，对他们分别提供不同的价格信息发布渠道，否则可能因低价策略混乱，导致营销渠道混乱。

（2）个性化定价策略。

个性化定价策略是在企业能实行定制生产的基础上，利用网络技术和辅助设计软件，帮助消费者选择配置或者自行设计能满足自己需求的个性化产品，同时承担自己愿意付出的价格成本。网络缩短了生产和消费的时空限制，使个性化营销成为可能，同时个性化定制成为企业差异化策略的一个重要方面，同时个性化定价也使企业竞争能力加强，获取更高的利润。例如，通过微信营销方式定制蛋糕，消费者可以根据需求制定尺寸、图案等。又如，浙江孤品品牌推出的 OWNONLY 成衣男装定制，通过网络给顾客做高性价比的个性化定制服饰，根据顾客的需求使用不同的原材料，制定不同的价格。

（3）使用定价策略。

所谓使用定价，就是顾客通过互联网注册后可以直接使用某公司的产品，顾客只需要根据使用次数进行付费，而不需要将产品完全购买。采用按使用次数定价的策略，一般要考虑产品是否适合通过互联网传输，是否可以实现远程调用。目前，比较适合的产品有软件、音乐、电影等。

（4）网上拍卖竞价策略。

网上拍卖是目前发展比较快的领域。企业只规定一个底价，通过一定的方式进行竞拍，由消费者竞价的一种方式。网上拍卖竞价一般有竞价拍卖和拍买两种方式。竞价拍卖一般是个人或企业将自己的二手货、收藏品或者公司积压产品放到网上进行拍卖。拍买则是竞价拍卖的反向过程，由顾客提出一个可以接受的价格范围，求购某一商品，由不同卖家出价，最终由顾客决定以什么样的价格与谁成交。

（5）免费价格策略。

免费价格策略指企业为了实现某种特殊的目的，将产品和服务以零价格形式提供给顾客使用的价格手段。免费价格策略是网络营销中常用的一种价格策略，其主要目的是促销和推广产品，一般免费价格都是阶段性的，企业主要考虑的是后续利益，并非无利可图。例如，淘宝网中开店、销售等虽然是免费模式，可是它会通过其他增值服务和支付方式获利。

（6）捆绑定价策略。

捆绑定价是指企业根据产品的情况将其进行组合，放在一起进行销售，一方面可以提高企业的销量，另一方面可以让顾客感觉所购买的产品价格更加满意。采用捆绑定价的方法，企业会突破网上产品的最低价格限制，降低顾客对单个产品价格的敏感度，提升企业销量。该定价方式是线下线上都常用的价格策略，如通过网络购买步步高学习机，企业将会提供内容更新的服务，根据服务内容和年限不同、价格不同，将产品与服务同时捆绑销售，以降低顾客价格敏感度，提升产品和服务的销量。

思考探索

　　消费者进行网购的主要原因是物美价廉，那么企业如何通过正确的价格策略进行消费者价格观念的引导呢？

## 三、网络分销策略与网络促销策略

### 1. 网络分销策略

（1）网络分销的概念。

　　网络虚拟市场作为一种新型的市场形式，同样存在分销渠道的选择问题。网络产品分销是指借助于互联网将产品或服务从生产者转移到消费者所经过的各个环节，通过网络渠道完成产品转移中所涉及的信息流、商流、资金流和物流。对于从事网络营销的企业来说，掌握不同的网络渠道，了解各种网络分销渠道的功能、特点、类型，不仅有利于企业产品顺利完成从生产领域到消费领域的转移，促进产品销售，更有利于企业获得整体网络营销上的成功。

（2）网络分销的功能。

　　网络分销渠道作为一种新型的渠道形式，能够更好地解决消费者在购买的过程中所产生的时间、空间和所有权的转换。网络分销渠道通过互联网为消费者提供丰富的产品信息，供消费者进行多样化的选择，在消费者下单后完成一系列后续交易环节。因此，一个完善的网络分销渠道应具有三大功能：订货功能、结算功能和配送功能。

（3）网络分销渠道的类型。

　　相对于传统的营销渠道，网络分销渠道也可分为直接分销渠道、间接分销渠道和双渠道，但其结构要简单得多。

　　①网络直接分销渠道指网络营销企业通过互联网直接与顾客达成交易，没有传统意义上的中间商参与的销售渠道。网络直销一般存在两种类型：

　　第一，自建网站，企业在互联网上独立申请域名，建立网站，由企业网络管理人员自主建立企业主页和销售网页，本企业网络管理员专门负责产品的销售推广事务。

　　第二，企业委托信息服务商，企业没有自己独立的网站，在委托信息服务商的网站平台上发布销售信息，企业利用平台流量吸引顾客，获取数据和顾客的关注，通过相关信息与顾客联系销售产品。虽然这种销售类型有信息服务商介入，但是从事销售活动的主要是企业，因此仍然属于网络直销类型。

　　但需要注意的是，在网络直销中仍然存在着网络营销服务的中介机构，如专业的物流配送公司、网络支付体系、提供产品信息发布和网站建设的互联网服务提供商和电子商务服务商等。这些机构的存在可以使网络营销企业专注市场，方便顾客购买，提升网络营销效率等。

②网络间接分销渠道是指生产者融入互联网技术后通过网络中间商把产品销售给最终顾客的销售方式。互联网间接分销渠道相对比较简单，只需要通过网络中间商这一中间环节即可。

③双渠道是指企业同时利用网络直接分销渠道和网络间接分销渠道进行产品营销，以达到销量最大化的渠道策略。双渠道结合了直接渠道和间接渠道两方面的优点，可以使企业效益最大化。

对于直接分销渠道，有些企业网络营销收效不大，主要是知名度和网络推广的力度不够，导致流量获取不了。但是企业网站是企业的"门面"，是让顾客了解自己的窗口。另外，若坚持进行网络直销，在网页制作、信息的完善、企业网站推广方面持之以恒，肯定会取得成功。而由于网络中间商的网络流量庞大，顾客资源众多，通过中间商的各种服务和宣传结合，有利于开拓企业产品的销售空间，降低销售成本。因此，对于从事网络营销活动的企业来说，最好结合直接和间接渠道的优势，扬长避短，提升网络营销的效果。

### 2. 网络促销策略

（1）网络促销的概念。

网络促销是指企业利用现代化的网络技术向网络目标市场传递有关产品和服务的信息，以启发需求，引起消费者的购买欲望和购买行为的各种活动。网络促销是通过网络技术传递产品和服务的存在、性能、功效及特征等信息的。它是建立在现代计算机与通信技术基础之上的，并且随着计算机和网络技术的不断改进而改进。

网络促销是通过互联网这个虚拟市场进行的。互联网是一个媒体，是一个连接世界各国的大网络，它在虚拟的网络社会中聚集了广泛的人口，融合了多种文化。

互联网虚拟市场的出现，将所有的企业，不论是大企业还是中小企业，都推向了世界统一市场。

（2）网络营销促销作用。

企业进行网络促销，主要是为了达到某种期望的目的，一般主要是为了树立良好的企业形象或产品形象，提升产品或企业的知名度，让消费者对企业产品形成消费偏好，提升忠诚度，扩大产品销量等。

①信息传播和沟通功能。

企业通过网络促销能够把产品、服务、价格等信息传递给目标受众，引起注意。在互联网全球化的环境下，企业要想让顾客更多地关注到自己的产品，就必须及时、准确地向顾客传播信息，想方设法让尽可能多的人了解企业的产品和服务，并通过各种有效的促销方式与顾客沟通，解除目标受众对产品或服务的疑虑，坚定顾客的购买决心。例如，在同类产品中，许多产品往往只有细致的差别，顾客难以察觉。企业通过网络促销活动宣传自己产品的特点，使顾客认识到本企业的产品可能给他们带来的特殊效用和利益，进而乐于购买本企业的产品。

②信息收集和处理功能。

企业通过电子邮件、BBS（网络论坛）等工具可以快速、准确、详细地收集消费者的意见，迅速反馈给企业管理层进行信息处理。由于网络促销所获得的信息基本上都是文字资料，信息准确，可靠性强，对企业经营决策具有较大的参考价值，企业管理层可以通过这些信息了解自己网络营销的运行状况以及与其他企业的差距所在。

③维持及开发产品需求。

企业通过适当的网络促销活动树立良好的产品形象和企业形象，往往有可能改变顾客对本企业产品的认识，使更多的顾客形成对本企业产品的偏爱，达到稳定销售的目的。同时，通过网络促销，可以深入地了解顾客的需求，研发新产品，在不断满足老顾客的同时获取新顾客和市场。

④树立良好的企业和产品形象。

互联网的快速发展使通过网络消费的顾客越来越多，企业通过网络销售竞争越来越激烈，各个企业之间在产品、服务或技术上的差异性越来越小，良好的形象会获得顾客更多的青睐。因此，网络促销需要的不仅是提升销量，更多的是通过潜移默化的网络促销宣传，给顾客留下一个良好的印象。

（3）网络促销的形式。

相对于传统促销形式，网络促销有自己的特点，不仅需要对企业或产品进行促销，网站自身的推广也是非常重要的一部分，因此网络促销形式主要有网络广告促销、网络站点推广、网络销售促进以及网络公共关系营销四种。

网络广告促销主要指企业在互联网上运用现代计算机技术，通过文字、声音、图像、视频或动画等一种或多种形式的结合进行网络促销的活动。网络广告可以根据形式不同分为旗帜广告、电子邮件广告、电子杂志广告、新闻组广告、公告栏广告等。

网络站点推广就是利用网络营销策略扩大站点的知名度，吸引网上流量访问网站，起到宣传和推广企业以及企业产品的效果。网络站点推广主要有两类方法：一类是通过改进网站内容和服务，吸引用户访问，起到推广效果；另一类是通过网络广告宣传推广站点。前一类方法费用较低，而且容易稳定顾客访问，但推广速度比较慢；后一类方法可以在短时间内扩大站点知名度，但费用不菲。

网上销售促进就是企业利用可以直接销售的网络营销站点，采用一些销售促进方法，如价格折扣、有奖销售、拍卖销售等，宣传和推广产品。

网络公共关系营销是借助互联网向社会公众宣传企业的经营方针、文化理念、企业产品和新产品发布等重大新闻和事件，建立和维持企业与相关社会公众的联系。

在以上四种网络促销方式中，网络站点推广和网络销售促进这两种方式用得最多，因此在这部分主要介绍这两种方式，另外两种促销策略在下一部分进行重点分析。

①网络站点推广。

网络站点推广作为企业在网络中进行促销的主要方式，其能否吸引大量流量是企业开展网络促销成败的关键。站点推广通过对企业网络站点的宣传吸引用户访问，同时树立企业和产品形象，为企业营销目标的实现打下坚实的基础。站点推广是一个系统性的工作，它要同企业的规划一致。同时，在进行的过程中，要结合站点推广的各种方式吸引顾客，因此了解网络站点推广的方法是非常重要的。一般网络站点推广方法有以下几种：

a. 搜索引擎推广。搜索引擎推广指顾客通过搜索引擎、分类目录等具有在线检索信息功能的网络工具进行网络站点推广的方法。常见的搜索引擎推广方式有登录免费分类目录、登录付费分类目录、搜索引擎优化、关键词广告等。例如，我们常用的百度搜索、360 搜索引擎等。根据调查显示，网民找新网站主要是通过搜索引擎来实现的，因此在著名的搜索引擎进行注册是非常必要的。

b. 资源合作推广。资源合作推广指通过网络站点交换链接、交换广告、内容合作、用户资源合作等方式，在具有类似目标的网络站点中实现相互推广的目的。通过资源合作推广，可以缩短网页间的距离，提高站点的被访问概率。一般建立链接有以下几种方式：在行业站点上申请链接。如果站点属于某些不同的商务组织，而这些组织建有会员站点，应及时向这些会员站点申请一个链接。申请交互链接，寻找具有互补性的站点，并向它们提出进行交互链接的要求。在商务链接站点申请链接，向网络上的小型商务链接站点申请链接。

c. 电子邮件推广。快捷、廉价的电子邮件是网络站点推广的有效方式，许多网站都利用电子邮件来宣传站点。一般可以利用站点的反馈功能记录愿意接收电子邮件的用户的电子邮件地址。另外，还可通过租用一些愿意接收电子邮件信息的通信列表。与搜索引擎相比，电子邮件营销具有主动向顾客推广的优势，且方式灵活，有新闻邮件、电子刊物、会员通信、专业服务信息提供等。

d. 新闻发布推广。新闻发布推广指及时掌握具有新闻性的事件，并定期把这样的新闻发送到行业站点和印刷品媒介上。

②网络销售促进。

网络销售促进是基于现代市场营销销售促进、融入互联网等信息科技手段，通过在互联网上进行产品发布，传递有关产品和服务等信息，采用一些短期的宣传行为，以刺激消费者的购买欲望，使其快速产生购买决策和购买行为。互联网作为新兴的网络市场，网络交易额不断上涨。网络销售促进就是在网络市场上利用销售促进工具刺激顾客对产品进行购买和消费的。网络销售促进是利用网络进行的促销活动，包括提供新产品信息、促销方式说明、折扣券、赠品、网上订购折扣、抽奖等多种活动形式。一般情况下，网络销售促进主要有以下几种形式：

a.网上免费促销。网上免费促销主要包括产品免费促销和资源免费促销两类。产品免费促销指消费者可以通过在线注册等方式获取产品，而产品通过邮寄的方式送达消费者手中，一般是为了吸引流量和供消费者试用。资源免费促销就是通过为网站无偿提供访问者感兴趣的各类资源，吸引访问者访问，提高站点流量，并从中获取收益。目前利用提供免费资源获取收益比较成功的站点很多，如提供某一类信息服务的百度搜索和新浪微博。

b.网上折价促销。网上折价促销是企业在进行销售的过程中，按照产品的标价收取部分金额的一种促销方法。在网络促销中，折价促销是企业最常用的一种促销方式。折价促销是全球历史最悠久、效果最好且到现今仍非常实用的一种促销手段。网络消费者多抱着物美价廉的态度，因此，企业为了吸引消费者经常开展幅度较大的打折促销活动，促使消费者尽早做出购买决定。例如，大部分网店会在"双十一""双十二"采用折价促销的方式。

c.网上赠品促销。企业在新品推出、老产品清仓、开辟新的市场、应对竞争对手等情况下，利用赠品促销，可以提升消费者的购买量以及忠诚度。通过网上赠品促销，可以在短期内大幅度提升网络站点的浏览量和知名度，促进消费者重复浏览网络站点信息，获取更多企业和产品信息，同时通过消费者索取赠品的情况，掌握消费者对产品的偏好，以修正营销手段和改进产品，更好地满足消费者的需求。

但开展赠品促销也要注意：首先要保证赠品的质量，否则会适得其反；其次赠品的选择要同企业的促销目标相关，保证后期消费能更好地忠于企业和产品；再次要注意时机的选择，尽量选择消费者当下需要的产品，而非库存货；最后要注意控制成本，一定要控制在企业能够接受的范围之内。

d.网上有奖促销。有奖促销指企业通过填写问卷、注册、购买产品或参加网上活动等方式让消费者获取中奖机会的一种促销方式，一般同企业的市场调查、产品销售、扩大用户群、某项推广活动等相结合。但要注意在进行有奖促销时，提供的奖品要能吸引促销目标市场的注意。同时，要会充分利用互联网的交互功能，充分掌握参与促销活动群体的特征和消费习惯，以及对产品的评价。

e. 积分促销。积分促销指消费者进行网络消费后，企业会对其注册的账号根据消费情况给予相应的积分奖励，当积分达到一定程度时，可以一次兑换奖品或直接在企业网上进行消费的电子券。积分促销对于企业来说简单易操作，同时可以增加消费者的重复购买率和忠诚度。

f. 数量折扣促销。数量折扣促销指企业在确定产品或服务的网上价格时，为了让顾客购买更多的产品，提高销售量，依据顾客购买的数量等级，给予不同程度的折扣。一般购买数量越多，折扣越大。在实际运用过程中，有累计数量折扣和非累计数量折扣两类。这两类主要的区别在于购买次数是否可以累加，是否可激发不同顾客多次购买或一次多购买的需求。

## 四、网络广告策略与网络公关策略

### 1. 网络广告策略

广告被认为是全球运用最广泛的促销手段。在互联网化的今天，如何让顾客在海量的产品信息中注意到自己的产品呢？通过网络广告能够让顾客快速、方便、直接地找到产品和服务，因此，网络广告策略是网络营销策略中非常重要的一个部分。

（1）网络广告的概念。

网络广告指企业在互联网上运用现代计算机技术，通过文字、声音、图像、视频或动画等一种或多种形式相结合，由企业自行或委托他人进行设计、制作并在网上发布，旨在推广企业产品或服务的一种有偿信息传播活动。通过广告，企业除宣传企业和产品外，还可以对企业经营理念、文化、顾客服务和品质保证等方面进行信息发布，提升顾客对企业的了解和忠诚度。网络广告是传统的广告业务在互联网领域的拓展，是目前企业应用最普遍的促销手段。

（2）网络广告的形式。

由于现在多媒体技术的发达和互联网的快速发展，网络广告的表现形式也是多种多样，主要有以下几种：

①旗帜广告，又被称为横幅广告、标牌广告、网幅广告，是目前最常见的广告形式，即企业用简练的语言、图片介绍企业的产品或宣传企业形象。以 GIF、JPG、Flash 等格式建立的图像文件，定位在网页中，大多用来表现广告内容，一般位于网页的最上方或者中部，用户注意度比较高。同时还可以使用 Java 等语言使其产生交互性，用 Shockwave

等插件工具增强表现力，这些都是经典的网络广告形式，一般出现在搜索引擎、闲谈室、电子杂志等页面上。

②按钮广告，是网络广告最早和常见的形式，通常是一个连接着公司的主页或站点的公司标志（Logo），并注明"点击我"字样，一般位于页面两侧，根据页面设置不同的规格，动态展示客户要求的各种广告效果。浏览者主动点击，才能了解有关企业或产品的更为详尽的信息，因此有被动性和有限性。

③浮动广告，它是网上比较流行的一种广告形式，是浮动在网页上，可以跟随屏幕一起移动或自行移动的广告。它一般在页面中随机或按照特定路径飞行。浮动广告会影响浏览者的阅读，因此不能滥用。

④插播式广告，又称为弹出式广告、插入式广告、抽页式广告，企业依据自己的需求选择合适的网站或栏目，在该网站或栏目中插入较小的新窗口显示信息。

⑤电子邮件广告，指广告信息通过邮件的信息进行传递的一种广告形式。广告内容一般出现在邮箱内容的上方或底部中央，主要形式以旗帜为主。电子邮件广告具有针对性强、费用低廉的特点，且广告内容不受限制。它可以针对某一个人发送特定的广告，为其他网上广告方式所不及，但在一定程度上会引起顾客的反感。

同时，随着科技的发展，网络广告的形式也呈现出多样化，如文本广告、屏保广告、关键字广告、邮件列表广告、墙纸式广告、赞助式广告、网络视频广告、网络游戏广告、工具栏广告等多种类型，同时新技术、新手段的不断出现将会使网络广告越来越丰富，表现形式越来越精彩，为网络营销带来更好的宣传效果。

### 2. 网络公关策略

（1）网络公关的概念。

网络公关指企业利用互联网的传播、各种网络传媒技术，在网络中建立良好的公共社会关系，宣传产品特色，树立企业形象，唤起公众注意，培养人们对企业及其产品的好感、兴趣和信心，从而提升知名度和美誉度，并为后续营销活动准备良好的感情铺垫。通过网络公关企业可以获得信息反馈，促进消费者、合作伙伴和竞争者及社会各机构的沟通协调，树立企业形象、建立信誉，并提高企业营销效率。它为现代公共关系的发展提供了新的空间、思维方式和策划思路。例如，腾讯通过微信、QQ 等聊天软件发起腾讯公益，通过这种网络公关活动，提升企业"良性公民"形象。

（2）网络公关的对象。

在进行网络公关的过程中，要明确公关对象，针对不同的公关对象需要采用不同的策略和方法，因此应首先明确网络公关的对象。

①社会公众一般包括普通消费者、各种消费者的权益组织、环保组织和企业内部公众等。社会公众都是市场中普通的受众，他们是企业产品的主要消费群体，社会公众印象的好坏直接决定着企业的生死存亡。

②金融公众指影响企业取得资金和财力支援的银行、投资公司、抵押中心等金融机构。金融公众对企业的印象直接决定了企业融资的难易程度。因此，对金融公众的公关也是企业至关重要的一个环节。

③政府公众指负责监督企业经营互动的有关政府机构。作为整个市场秩序的制定者，政府对于企业的很多方面有生杀大权，企业给予政府的印象决定了企业在社会上的地位和办事的效率。

④媒介公众指广泛影响消费者印象的电视、广播、报纸和杂志等大众媒介以及网络信息平台。作为现代传播最为广泛的媒介公众，信息的传递会直接影响其他公众对象对该企业的印象。

（3）网络公关的策略。

①论坛社区传播。

用户由于共同爱好而形成生活板块、大型论坛社区，分享心得。企业可以通过论坛社区进行推广和网络公关，在论坛中发现新的顾客、研究市场动态、为网络社区提供有价值的信息等。同时在对论坛内容进行引导时，可适当地加入相关图片，通过视觉冲击用户感官，进行企业相关内容的传播。

②新闻媒体传播。

新闻媒体传播是指用户通过新闻媒体门户网站，发布关于企业的相关信息，同时借助门户网站的知名度和强大的流量来提升企业知名度和产品的曝光度。例如，华为Mate 9保时捷版产品推出时，在各大媒体头条都出现了华为和该产品的新闻发布信息和产品介绍，吸引用户关注。

③合理地利用邮件清单。

邮件清单是一种允许公司将信息发送到清单上的邮件地址信箱中的工具。由于邮件具有在不同的网络系统中传输文本、图片、音频信息的优势，可以满足企业客户众多的特点，为企业提供服务。企业在采用邮件清单策略时，一方面要注意网络礼仪，使用正确的语法和拼写、详略得当的标题以及真实的署名，这些都会给对方留下较好的印象。另一方面，企业可以创建双向邮件清单，允许成员之间交流，让成员之间相互帮助、解决问题。

④网络公益活动。

公益活动是从公众的利益出发，通过出人、出物或出钱赞助和支持某项社会公益事业的活动。企业根据网络信息传播快、形式新等特点来进行互联网公益活动，网络公益活动可使企业在公众心中树立良好的形象。

⑤企业危机处理。

每个企业由于竞争对手的问题、自身的问题或环境的问题都会有各种不同的危机出现。出现危机时，在企业网页上及时把企业和组织信息传达给受众，在线回答消费者问题，引发讨论，并适时与消费者进行线上线下的互动。另外，可通过电子公告板、电子邮件、网络论坛以及著名新闻网站信息渠道对外发布信息。还可利用网络的多种媒介平台和形式的多样性，采用企业处理危机的部分实况转播报道、危机中的民意调查等形式与受众进行深入的互动沟通，配合其他传播方式形成强大的信息网络，尽快扭转局势，重塑企业的商业形象，重新取得客户、政府部门以及社会的信任。网络公关在实施过程中要始终坚持企业公关的整体观念，和企业其他的营销战略密切配合、互相支持。

> **思考探索**
>
> 　　互联网思维下企业如何更高效地运用网络广告和公关手段提升营销效果？企业如何创新进行网络公关，树立更好的企业形象？

# 知识单元2　网络营销推广工具分析

## 单元导读

　　在激烈的市场竞争中，企业商家如何把自己的产品宣传推销出去成为商家必须考虑的问题，随着新媒体技术的发展，我们的生活越来越受到新媒体的影响，宣传模式不断创新，充分利用微信、微博、抖音网红带货等新媒体资源进行网络营销已经成为新时代的产物。

## 知识学习

### 一、电子邮件与软文营销推广

#### 1. 电子邮件推广方法

（1）电子邮件推广的概念。

电子邮件推广一般是在用户事先同意或许可的前提下，通过电子邮件的方式向目标用户传递企业信息的一种网络推广方法。电子邮件推广是基于电子邮件的方式与顾客进行商业交流的一种网络营销方式。它是历史最悠久的一种网络营销方法。

（2）电子邮件推广的优点。

根据网络统计数据表明，60%的上网用户在邮件发送的首月内阅读了该邮件，其中超过 30% 的用户点击邮件里的链接到达目标页面。因此在正确应用的前提下，电子邮件回应率远远高于其他所有类型的广告。这主要是由于电子邮件推广具有以下的优点：

①电子邮件应用范围广。

电子邮件内容不受限制，适合各行各业，同时可以采用文本格式或 html 格式。文本格式就是把一段广告性的文字放置在新闻邮件或许可的 E-mail 中间，也可以设置一个链接到公司主页或提供产品或服务的特定页面。html 格式的电子邮件广告可以插入图片，将公司的信息用更加直观的方式进行表达，但 html 格式的电子邮件广告并不是每个人都能完整地看到的，因此把邮件广告做得越简单越好。

②精准传递信息，节约宣传成本。

通过电子邮件推广商所建立的数据库，企业可以通过设定接收人的年龄、性别、学历、工作状况和月收入等，准确锁定目标消费群。企业可以针对目标市场进行宣传，支付有效宣传费用，节约成本。

③制作维护简单快捷、成本低。

电子邮件广告只要确定了设计方案，即可马上交由技术人员制作和投放，整个过程可以在短短几天甚至一两天内完成。其制作和维护相对于传统媒体来说简单、快捷。同时操作方式也方便、简单，为企业节省了设计制作和投放以外的大量推广成本。

④电子邮件具有快速反应能力。

现代市场竞争激烈，分秒必争，企业需要针对市场现状和竞争对手的情况做出快速反应，但传统媒体由于制作相对复杂，中间环节过多，在时间效应上，往往具有滞后性。而电子邮件制作简单、快捷，企业可以在短短几小时内把广告信息传递给数十万目标消费群，从而控制消费者心理的制高点，防止竞争对手捷足先登。另外，有些季节性、时效性强的产品，企业也可以利用电子邮件在旺季进行大规模推广，获取先机。

（3）电子邮件推广的类型。

①引起关注类的电子邮件推广。

通过电子邮件的发送引发消费者的想象，以期关注该企业产品或服务的一系列特征和优势，如企业研发新产品后，通过电子邮件将该信息推送给客户，希望客户能够尽早关注企业产品，体验新品。

②引发思考类的电子邮件推广。

电子邮件的内容主要是通过向客户不断宣传产品对顾客的直观好处，使某公司进入客户的考虑范围，通过宣传产品的优点，增强客户的购买欲望。一般，企业向顾客多次展示产品后，顾客就会留意产品和服务，从而思考该产品对自己的价值所在，在后期有需求的时候会对该企业的产品进行关注和购买。

③督促顾客意向转变的电子邮件推广。

督促顾客意向转变的电子邮件推广指通过电子邮件的持续跟踪，让顾客进一步了解产品，形成思考，有购买需求。该邮件的目的主要是让犹豫不决的顾客进一步转变意向，接近实质性购买。例如，在邮件中加一个链接，链接到产品服务中心，告知顾客现在的打折和促销信息，督促顾客快速购买。

④用户反馈类电子邮件推广。

反馈类电子邮件推广指通过品牌的深入，加强企业宣传，进入交叉销售和追加销售阶段，让顾客对企业周边产品和服务感兴趣。例如，购买完产品后，向顾客发送购物确认信，一周以后向顾客发送产品使用的满意度情况调查表，并顺便介绍其他产品。

（4）电子邮件推广的注意事项。

通过电子邮件进行推广看起来非常容易，但是能够成功进行企业推广却是非常困难的，有很多方面需要注意，主要有以下几个：

①精准进行电子邮件推广。

企业在发送电子邮件之前，应该对邮件用户进行分析，找准对象，尽可能地缩小顾客范围，研究可能顾客的情况，将其缩小成很可能、极可能的顾客，了解他们的真正需求。电子邮件推广的目标越精准，效果越好。

②电子邮件内容要精心构思。

精心构思的邮件，才能给顾客留下深刻的印象。第一，一封好的电子邮件的主题首先要明确，它是发件人撰写邮件的中心思想。第二，不要隐藏发件人或者使用免费邮件地址或免费邮箱，这样可能降低信件内容的可信性。第三，要注重礼貌，形成企业良好的形象，加大顾客的信任度。第四，邮件要短。电子邮件应力求内容简洁，用最简单的内容表达出诉求点。如果必要，可给出一个关于详细内容的链接，收件人如果有兴趣，会主动点击你链接的内容。第五，不要用附件形式发送电子邮件，附件内容未必可以被收件人打开。

③电子邮件发送频率不要过于频繁。

研究表明，同样内容的邮件，每个月发送 2 ~ 3 次为宜。不要错误地认为，发送频率越高，收件人的印象就越深。企业过于频繁地发送邮件只会让人厌烦，如果一周重复发送几封同样的邮件，企业肯定会被顾客拉入"黑名单"，永远失去那些潜在顾客。

④及时回复邮件。

邮件回复的及时程度，充分说明你对顾客的重视程度和做事效率，因此若有顾客回应，应当及时回复发件人。一般 4～6 小时收到回复邮件说明企业做事效率很高；8～12 小时的回复邮件说明企业业务繁忙，同时"我"仍被列为受重视的顾客；而一天内回复邮件说明顾客未被遗忘；两天后回复邮件说明这个顾客对于企业来说可有可无；而邮件得不到回复，说明这个顾客对于企业来说根本就是无所谓的。

⑤做好电子邮件的后续服务与跟踪。

企业通过电子邮件推广获取顾客的访问和需求之后，需要细致认真地分析顾客资料，有针对性地对顾客真正的需求提供信息；在向顾客提供好的产品和服务之后，通过电子邮件做好后续的服务，跟踪调查顾客消费之后的感受，以期能够更好地改进自己的产品和服务，能够在将来更好地满足顾客需求，这才是最能体现电子邮件营销价值所在的地方。

### 2. 软文营销推广

（1）软文营销的概念。

软文营销是企业通过特定方式，以概念诉求、情感渲染吸引顾客，以摆事实讲道理的方式使顾客走进企业设定的"思维圈"，通过强有力的心理攻击占据顾客心智，提升顾客满意度和对企业的认同感的一种宣传推广方式。

（2）软文营销推广的类别。

①门户软文。

门户软文是指直接展示在门户网站上进行广告宣传的信息。通过门户网站发布的软文，转载率高，效果好，可以给企业带来巨大的流量，提升销售效果，同时可以对企业品牌有很好的烘托作用。另外，门户软文更能优化网站关键字权重、大幅度增加企业外链，增加企业网站权重和知名度。

②品牌软文。

品牌软文是企业通过深入挖掘企业文化理念和品牌价值形成的文本信息。品牌软文如果撰写成功，会大大提升企业品牌知名度和营销效果，提升流量和转化率，达到硬性广告推广所达不到的效果。

③企业软文。

企业软文一般是通过社会公众喜欢的信息再加上企业的内涵形成的文本推广形式，它更多的是宣传企业的产品、文化和理念，与社会大众审美相结合，形成有利于企业推广的信息资料。企业软文推广最重要的问题就是标题要能够吸引顾客，同时内容具有原创性，这样才能够被很多高权重网站所收录和转载。

（3）软文营销推广的形式。

①悬念式。

悬念式的核心是提出一个问题，然后围绕这个问题自问自答。例如，"人类可以长生不老？""什么使她重获新生？""牛皮癣，真的可以治愈吗？"等，通过设问引起话题和关注是这种方式的优势。但要注意的是掌握火候，首先提出的问题要有吸引力，答案要符合常识，不能作茧自缚、漏洞百出。

②故事式。

故事式是指通过讲一个完整的故事带出产品，使产品的"光环效应"和"神秘性"给消费者心理造成强暗示，使销售成为必然。例如，"1.2亿买不走的秘方""神奇的植物胰岛素""印第安人的秘密"等。讲故事不是目的，故事背后的产品线索才是文章的关键。听故事是人类最古老的知识接受方式，所以故事的知识性、趣味性、合理性是软文成功的关键。

③情感式。

情感一直是广告的一个重要媒介，软文的情感表达由于信息传达量大、针对性强，当然更可以叫人心灵相通，如"爱是一种力量，能够让我们战胜一切困难""孩子，你的名字是天使""写给那些战'痘'的青春"等。情感最大的特色就是容易打动人，容易走进消费者的内心，所以"情感营销"一直是百试不爽的灵丹妙药。

④恐吓式。

恐吓式软文属于反情感式诉求，情感诉说美好，恐吓直击软肋——"高血脂，瘫痪的前兆！""天啊，骨质增生害死人！"。实际上，恐吓形成的效果要比赞美和爱更具记忆力，但是也往往会遭人诟病，所以一定要把握度，不要过火。

⑤促销式。

促销式软文常常同促销活动相结合，如"××羽绒服，疯狂限时抢购，全场6折起！""西单某商家告急""企通互联推广免费制作网站了"。这样的软文配合促销使用，形成影响力，促使用户产生购买欲。

## 二、微信、微博营销推广

### 1. 微信营销推广

（1）微信营销的概念。

微信营销是网络经济时代企业对营销模式的一种创新，是伴随微信产生的一种网络营销方式，微信不存在距离的限制，用户注册微信后，可与周围同样注册了微信的"朋友"形成一种联系。微信营销指用户订阅自己所需的信息，商家通过提供用户需要的信息，用点对点方式推广企业产品或服务的营销方式。

微信营销主要是在安卓系统、苹果系统、Windows phone8.1 系统的手机或者平板电脑中的移动客户端进行的区域定位营销，商家通过微信公众平台二次开发系统展示商家微官网、微会员、微推送、微支付、微活动、微 CRM、微统计、微库存、微提成、微提醒等，已经形成了一种主流的线上线下微信互动营销方式。

（2）微信营销的特点。

①点对点精准营销。

微信拥有庞大的用户群，借助移动终端、天然的社交和位置定位等优势，每个信息都是可以推送的，能够让每个个体都有机会接收到这个信息，继而帮助商家实现点对点精准化营销。

②形式灵活多样。

漂流瓶：用户可以发布语音或者文字，然后投入大海中，如果有其他用户"捞"到则可以展开对话，招商银行的"爱心漂流瓶"用户互动活动就是个典型案例。

位置签名：商家可以利用"用户签名档"这个免费的广告位为自己做宣传，附近的微信用户就能看到商家的信息。

二维码：用户可以通过扫描识别二维码身份来添加朋友、关注企业账号；企业则可以设定自己品牌的二维码，用折扣和优惠来吸引用户关注，开拓 O2O 的营销模式。

开放平台：通过微信开放平台，应用开发者可以接入第三方应用，还可以将应用的 Logo 放入微信附件栏，使用户可以方便地在会话中调用第三方应用进行内容选择与分享。

公众平台：在微信公众平台上，每个人都可以用一个微信号，打造自己的微信公众账号，并在微信平台上实现和特定群体的文字、图片、语音的全方位沟通与互动。

**案例展示**

### 肯德基金拱门二维码点餐微信营销

当下，用二维码点餐在肯德基金拱门这些快餐店里已经是司空见惯了，在人工和二维码线上点餐的结合下，可以有效减轻用餐高峰期的点餐压力，让顾客获得更好更方便的体验。当人很多的时候，顾客只需要扫描点餐二维码就可以选择门店进行点餐，所有的单品和套餐都一目了然，相对于人工点餐来说省去了不少口舌与确认时间。这种智能化的点餐系统让很多顾客愿意选择二维码点餐的方式，而一般来说微信扫码后会自动关注肯德基金拱门的微信公众号，所以对于客户来说，这是一种不得已为之的关注，但对于企业来说，这种二维码点餐引流的方式却非常有效地提升了公众号的流量，为其微信营销带来了更为优越的用户基础和环境。

资料来源：微信公众号：公关之家《微信营销怎么做？微信营销成功案例四则》

### 2. 微博营销推广

（1）微博营销的概念。

微博营销是指通过微博平台为商家、个人等创造价值而执行的一种营销方式，是一种通过微博平台发现并满足用户的各类需求的商业行为方式。微博营销以微博作为营销平台，每一个听众（粉丝）都是潜在营销对象，企业利用更新自己的微博向网友传播企业信息、产品信息，树立良好的企业形象和产品形象。该营销方式注重价值的传递、内容的互动、系统的布局、准确的定位，微博的火热发展也使得其营销效果尤为显著。

（2）微博营销的特点。

①低成本，覆盖广，高效率。

微博信息简单，容易构思，前期投入低，传播方式多样化，可以覆盖各种信息平台，而由于粉丝效应，有很强的针对性，可以使微博内容在短期内获得更大的宣传效果。

②手段和形式多样化，快速拉近与粉丝的距离。

从技术上，微博营销可以同时方便地利用文字、图片、视频等多种展现形式。从人性化上，企业品牌的微博本身就可以将自己拟人化，更具亲和力。从形式上，微博内容可以对各种问题进行探讨。同时，微博对象没有限制，通过微博互动，可以拉近博主与粉丝的距离。

企业一般是以盈利为目的的，它们运用微博往往是想通过微博来增加自己的知名度，最后达到能够将自己的产品卖出去的目的。企业微博营销往往要难许多，因为知名度有限，短短的微博不能让消费者直观地了解商品，而且微博更新速度快，信息量大，因此企业微博营销时，应当建立起自己固定的消费群体，与粉丝多交流，多互动，多做企业宣传工作。

## 三、众筹、论坛、网红营销推广

### 1. 众筹营销推广

（1）众筹营销的概念。

众筹营销指通过消费者发起产品订购邀约以及提出一些自己的需求给企业，在企业生产的过程中，消费者可以全程进行跟踪和监督，以满足消费者需求的一种营销模式。

（2）众筹营销的特点。

①根据顾客需求进行针对性生产。

众筹是一种预消费模式，在进行生产之前，企业会通过网络平台进行需求收集，同时也可以根据消费者的需求进行产品的修改，确定之后再进行生产的过程。

②满足顾客个性化需求。

顾客可以针对企业产品提出个性化的要求，通过网络平台进行销售和消费的再度细化，满足顾客深度个性化需求。

③更加注重顾客价值的发挥。

通过同顾客的多次沟通，在更加了解顾客需求的基础上，可以把顾客的意愿更多地反映到产品中去，形成不断扩充、无限循环的良性体系，获取更加高的口碑传播效应。

### 2. 论坛营销推广

（1）论坛营销的概念。

企业利用论坛这种网络交流的平台，通过文字、图片、视频等方式发布企业的产品和服务的信息，从而让目标客户更加深刻地了解企业的产品和服务，最终达到宣传企业的品牌、加深市场认知度的网络营销目的。

（2）论坛营销的特点。

①针对性。

论坛营销的针对性非常强，企业可以针对自己的产品在相应的论坛中发帖，也可以为引起更大的反响而无差别地在各大门户网站的论坛中广泛发帖。

②传播高效性。

利用论坛的超高人气，可以有效为企业提供营销传播服务。而由于论坛话题的开放性，几乎企业所有的营销诉求都可以通过论坛传播得到有效的实现。论坛活动具有强大的聚众能力，可利用论坛作为平台举办各类踩楼、灌水、贴图、视频等活动，调动网友与品牌之间的互动；进行专业论坛帖子的策划、撰写、发放、监测、汇报流程，在论坛空间提供高效传播，包括各种置顶帖、普通帖、连环帖、论战帖、多图帖、视频帖等，同时炮制网民感兴趣的活动，将客户的品牌、产品、活动内容植入传播内容，并展开持续的传播效应，引发新闻事件，导致传播的连锁反应。

③成本低，见效快。

论坛营销多数属于论坛灌水，其操作成本比较低，主要要求的是操作者对于话题的把握能力与创意能力，而不是资金的投入量。但这是最简单、粗糙的论坛营销，真正要做好论坛营销，还有诸多的细节需要注意，对于成本的要求也会适当提升。

④传播广，可信度高。

论坛营销一般是企业以自己的身份或伪身份发布的信息，所以对于我们来说，其发布的信息要比单纯的网络广告更加可信。

⑤互动、交流信息精准度高。

企业做营销的时候一般都会提出关于论坛营销的需求，其中会有特别的主题和板块内容的要求，操作者多从相关性的角度思考问题，所操作的内容更有针对性，用户在搜索自己所需要内容的时候，精准度更高。

### 3. 网红营销推广

（1）网红营销的概念。

网红营销是以一位时尚达人为形象代表，以网红的品位和眼光为主导，进行视觉推广，通过网络平台聚焦人气，依托网红庞大的粉丝人群进行定向营销，获取粉丝消费的一种营销模式。网红营销是近年来出现的一种新的网络营销模式。企业通过网红营销，可以实现一系列价值。

（2）网红营销的特点。

①自带流量，精准营销。

网红推广具有精准的营销对象。每一个能够成为网红的人，其网络平台本身就有庞大的粉丝群体，同时这些粉丝是与网红具有相同或相似爱好的人群，所以网红推广的产品一般也是网红粉丝所喜爱的。

②信息渗透力强。

网红本身就是一个天然的信息传播渠道，通过网红自身的粉丝和受众群体，可将产品信息植入，让更多用户知道企业产品或服务的卖点所在。

③网红营销成本低。

企业通过网红进行产品推广时，只需要与网红进行沟通、分析，形成合适的推广方案通过平台进行推广，渠道和粉丝都是固定可用的，不需要付出其他推广成本。

④网红经济平民化。

网红大部分都是从普通人中产生的，他们与消费者有相似的经历，消费偏好相似，容易与粉丝产生共鸣。

⑤需求诱导性强。

网红都是粉丝人群比较喜爱的人，网红喜欢的产品或服务，对粉丝人群都有较大的吸引力。粉丝会产生良性关联，对于粉丝人群有较强的需求诱导。

> **思考探索**
>
> 　　互联网思维下新型的网络营销模式层出不穷，结合当下流行的几类网络营销模式，并分析企业在运用这些营销模式时要注意的问题。

## 四、事件、活动、整合营销推广

### 1. 事件营销推广

（1）事件营销的概念。

事件营销就是通过把握热点新闻的规律，根据企业的产品或服务与新闻热点的相关性，制造具有新闻价值的事件，并通过网络的操作及热点新闻事件的传播，达到宣传效果。事件营销需要依据新闻事件，寻找的新闻事件需要跟企业产品或服务有一定的关联，通过巧妙的关联寻找营销突破点。

（2）事件营销的特点。

①受众者的信息接收程度较高。

在铺天盖地的广告中能够吸引大众眼球的经典之作越来越少，而事件营销的传播往往体现在新闻上，可有效地避免广告被人本能排斥、反感情况的发生，受众对于其中内容的信任程度远远高于广告。

②传播深度和层次高。

一个事件如果成了热点，会成为人们津津乐道、互相沟通的话题，传播层次不仅限于看到这条新闻的读者或观众，还可以形成二次传播，引发"蝴蝶效应"。

③投资回报率高。

据有关人士统计、分析，企业运用事件营销手段取得的传播投资回报率约为一般传统广告的 3 倍，能有效帮助企业建立产品品牌的形象，直接或间接地影响和推动产品的销售。

（3）事件营销的模式。

①借势模式。

借势是指企业及时抓住广受关注的社会新闻、事件以及人物的明星效应等，结合企业或产品在传播上欲达到的目的而展开的一系列相关活动。

②明星模式。

明星是社会发展的需要与大众主观愿望相结合而产生的客观存在。通过明星的知名度去加重产品的附加值，可以借此培养消费者对该产品的感情、联想，赢得消费者对产品的追捧，如名人轮番上场"补钙""补血"的保健风潮，影星、歌手忙不迭更换的保暖内衣，等等。

③体育模式。

体育模式指企业通过赞助、冠名体育活动来推广自己的品牌。体育活动已被越来越多的人所关注和参与，体育赛事是品牌最好的广告载体，背后蕴藏着无限商机，已被很多企业意识到并投入其间。体育营销作为一种软广告，具有沟通对象量大、传播面广和针对性强等特点。

### 2. 活动营销推广

（1）活动营销的概念。

活动营销指企业通过介入重大的社会活动或整合有效的资源策划大型活动而迅速提高企业及其品牌知名度、美誉度和影响力，促进产品销售的一种营销方式。活动营销除了运用常规媒体手段宣传外，更侧重与公关活动相结合，通过活动由顾客被动接受到主动沟通以达到宣传效果的活动方式。活动营销是针对某个活动或事件进行推广和宣传，一般同其他营销方式相结合，具有计划性和可控性。

（2）活动营销的特征。

①经过长期的活动策划。

活动营销一般经过长期的酝酿，活动中的每一个细节，每一个流程都经过反复推敲，等时间成熟之后再执行，执行具有计划性和可控性。

②严格的成本控制。

活动营销是企业自行精心策划的活动，一般运作资金根据活动规格、规模的不同而不同，资金预算严格。

③与顾客有很强的互动性。

活动营销通过建立比较系统和完整的互动机制与有效的反馈机制，通过活动的互动，提升企业、产品或服务的知名度，增强企业自身品牌形象，同时还可以提升顾客对企业产品或服务的忠诚度与信任度。

④全媒体整合。

活动营销强调有效整合全媒体以求最大限度扩大影响力，树立品牌形象。例如，《中华好诗词》不仅利用央视平台，同时还推出手机微信平台、微博平台，各种网络媒体大范围传播，全媒体的整合使活动效果达到了高峰。

### 3. 整合营销推广

（1）整合营销的概念。

整合营销是一种对各种营销工具和手段的系统化结合，根据环境进行即时性的动态修正，使交换双方在交互中实现价值增值的营销理念与方法。整合营销就是为了建立、维护和传播品牌，加强客户关系，而对品牌进行计划、实施和监督的一系列营销工作。整合就是把各个独立的营销综合成一个整体，以产生协同效应。这些独立的营销工作包括广告、直接营销、销售促进、人员推销、包装、事件、赞助和客户服务等。

（2）整合营销的特点。

①以消费者为核心。

在整合营销传播中，消费者处于核心地位。建立消费者资料库，全面了解消费者的需求，培养"消费者价值观"，与消费者保持长期的紧密联系。

②通过各种传播媒介进行信息传播。

凡是能够将品牌、产品类别和任何与市场相关的信息传递给消费者或潜在消费者的过程与经验，均被视为可以利用的传播媒介。企业不管利用什么媒体，其产品或服务的信息必须清楚。

③紧跟移动互联网发展。

互联网向移动互联网延伸，手机终端智能化以后，新技术对原有 PC 互联带来了前所未有的颠覆和冲击。在这个过程中，企业应当紧盯市场需求，整合现有的资源，包括横向和纵向的资源，成为一个移动营销价值的整合者和传播者。

**思考探索**

网络营销发展迅速，新型网络推广方式层出不穷，请找出三个新型的网络营销推广方式并分析其特点。

## 任务实训

### 任务实训1　设计一份营销设计方案

【任务描述】

坦博尔服饰有限公司是一家以纺织服装和服饰业为主的企业，品牌创办之初，就确立了"有爱 有温暖"的经营哲学，追求企业与员工、企业与社会的和谐发展。坦博尔品牌定位为匠心工艺、创新设计、品质性价比的温暖家庭品牌，近年来发展迅速，其品牌理念和产品深受全年龄段的消费群体及家庭的喜爱。坦博尔服饰通过各种营销推广手段使品牌知名度有了极大的提升。根据所学知识，为坦博尔服饰设计一份营销设计方案。

【任务要求】

要求学生以小组为单位完成实训任务，了解、分析坦博尔服饰品牌内涵，通过分析现有营销推广手段，设计一份营销方案。方案不少于 400 字，条理清晰，设计合理。

## 【任务分析】

　　通过本次实训，查找关于坦博尔服饰的各种信息，了解坦博尔服饰的品牌理念、产品类别、营销推广手段等内容，讨论并给出企业更多关于高档时尚服装的网络营销推广手段。

## 【任务实施】

　　步骤一：打开天猫坦博尔官方旗舰店，对坦博尔官方旗舰店进行浏览观看，如图 4-1 所示。

图 4-1　天猫坦博尔官方旗舰店页面

　　步骤二：查看京东商城中坦博尔产品的销售情况，如图 4-2 所示。

图 4-2　京东商城坦博尔旗舰店页面

步骤三：打开坦博尔微信公众号，查看坦博尔官方旗舰店的推广内容，如图 4-3 所示。

步骤四：浏览坦博尔品牌的微信公众号，查看其特征，如图 4-4 所示。

图 4-3　微信公众号坦博尔官方旗舰店页面

图 4-4　微信公众号坦博尔页面

## 【任务总结】

请对本次工作任务实施过程进行总结：

收获与成长

_____

_____

_____

问题与困难

_____

_____

_____

## 【任务评价】

对本次工作任务实施情况、完成态度、团队合作进行评价，填写过程评价（表 4-1）。

表 4-1 任务过程评价表

| 评价项目 | 评价内容 | 分数 | 评价说明 | 自我评价 | 小组评分 | 教师评分 |
|---|---|---|---|---|---|---|
| 任务实施（70分） | 天猫坦博尔官方旗舰店页面 | 5分 | 准确进入天猫坦博尔官方旗舰店页面 | | | |
| | 京东商城坦博尔旗舰店页面 | 5分 | 准确进入京东商城坦博尔旗舰店页面 | | | |
| | 微信公众号坦博尔官方旗舰店页面 | 5分 | 正确打开微信公众号坦博尔官方旗舰店页面并能查看其旗舰店推广情况 | | | |
| | 微信公众号坦博尔页面 | 5分 | 能够浏览坦博尔的微信公众号并查看其特征 | | | |
| | 为坦博尔集团设计一份营销设计方案 | 50分 | 主题鲜明、目标明确、切合实际 | | | |
| 工作技能（15分） | 营销设计方案调研 | 10分 | 对企业品牌理念、产品类别、营销推广手段等进行全面、细致调研 | | | |
| | 数据分析 | 5分 | 根据企业特质进行分析，提出企业网络营销推广手段 | | | |
| 职业素养（15分） | 团队协作 | 5分 | 小组协作完成任务的能力 | | | |
| | 沟通表达 | 5分 | 主动提出问题，快捷有效地明确任务需求 | | | |
| | 认真严谨 | 5分 | 完成任务细心，做事严谨 | | | |
| 计分 | | | | | | |
| 总分（按自我评价30%，小组评价30%，教师评价40%计算） | | | | | | |

## 项目练习

### 一、判断题（正确的打"√"，错的打"×"）

1. 核心产品是消费者购买产品的核心利益所在。（　　）

2. 春秋航空的99元机票属于心理定价策略。（　　）

3.双渠道是直接和间接分销渠道的结合。（　　）

4.微信营销不存在距离的限制。（　　）

5.活动营销和事件营销相同。（　　）

## 二、分析题

1.常见的网络产品定价策略有哪几种？

2.分析网络产品五层次的区别。

3.网络新产品的分类有哪些？

4.哪些商品在网上适合采用低价定价销售策略？请列举出几个具体商品类别或名称。

5.请分析影响企业定价的因素有哪些？

6.分析网络促销和传统促销的区别。

## 项目小结

网络产品营销推广主要是指网络产品通过互联网方式进行宣传推广，企业利用网络平台，根据网络消费者的需求情况进行分析，并对产品的开发、成本、定价、分销和促销情况进行一系列的分析。

网络产品推广策略是企业网络营销推广非常重要的环节，它是企业进行网络营销在网络市场中的具体表现，主要包括网络产品的概念和开发，网络产品的成本分析与定价策略，网络产品的分销和促销，它是在沿用传统营销策略的基础上，根据网络市场的特点进行的调整，更加适用于网络产品的推广。

互联网的快速发展，使网络产品推广方法日新月异，不断出现新的推广模式，而电子邮件、软文、微信、微博等推广方法是当下比较流行的网络产品推广方法，它们主要结合了当下消费者的习惯和需求特点，根据不同产品的特征采用不同方法进行宣传推广，同时网络产品的推广方法也是不断变化的，企业要根据网络市场发展情况选择网络推广方法。

# 项目五　企业网站营销推广

## 项目引言

在互联网时代，企业常通过互联网来展示自己的产品或服务。企业要想通过网站进行营销推广，就需要对网站进行推广和优化。网站营销推广是企业获取客户的最主要方式之一。通过营销推广，企业可以有效提升品牌知名度和提高产品销售额。因此，做好网站营销推广工作对于企业的长远发展有着十分重要的意义。网站营销推广是也是网络营销的一种形式。

## 项目目标

学习目标：

1. 理解搜索引擎和搜索引擎营销的概念；

2. 了解网站友情链接、网盟推广、网站平台推广的内涵与特性；

3. 掌握企业网站营销推广的方法与步骤；

4. 具备制订企业推广计划、实际设置关键词、关键词优化、网盟推广等的能力。

素质目标：

1. 培养现代网络市场竞争意识；

2. 培养严谨、务实的工作作风；

3. 坚定科技强国、人才强国的理想信念。

## 知识导图

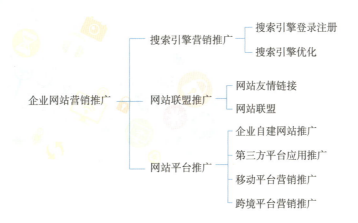

## 案例导入

### 搜索引擎营销案例：BMW 成功利用 SEM

BMW（宝马），全球知名汽车品牌，以其高端豪华的形象和卓越的性能在市场上备受瞩目。下面我们就来一探 BMW 搜索引擎的营销策略。

1. 网站优化

BMW 官网采用百度 SEO 优化策略，通过关键词合理布局、网站结构优化等手段，在百度搜索排名中占据了领先地位。同时，BMW 官网通过精美的页面设计、流畅的网站交互等方式提升用户体验满意度。

2. 搜索引擎广告

除了 SEO 优化，BMW 还在百度、谷歌等搜索引擎上购买关键词广告，使得品牌信息更加精准地呈现给潜在消费者。BMW 也注重广告创意的设计，通过吸引人的图片、文字等元素吸引用户点击。

3. 搜索引擎数据分析

BMW 通过对搜索引擎数据的分析，了解用户的搜索习惯、需求等信息，从而更加精准地制定营销策略，提升品牌的影响力和市场竞争力。

案例分析：

通过上述案例可以发现，随着互联网的普及和数字技术的发展，网站营销已成为企业获取竞争优势的重要手段。企业网站营销推广与传统企业推广的最大不同在于，每一次的推广都能获得相应数据的支撑。因此，很多时候投放搜索引擎与网盟广告，对实施效果进行定期监测和数据分析，帮助企业及时改进调整营销策略，优化产品线和营销推广方式，进而提高企业的知名度和曝光度，使企业在激烈的市场竞争中实现可持续发展。

## 素养园地

党的二十大报告在说明我国经济社会发展所取得的非凡成就时指出：互联网上网人数

达十亿三千万人。这不仅表明我国网络技术进步和人民群众获得感提升，同时也体现了互联网经济快速的发展。电商网购、直播经济为代表的互联网经济，推动了中国上网人数的不断提升。中国已经积累的巨大的上网人数，成为中国发展数字经济的一个重要基础。互联网是数字经济的重要载体，围绕互联网实现的生产和生活需求必然进一步增加。因此，未来围绕互联网发展的相关数字经济活动，具有巨大的发展潜力。

数字经济的发展引领跨境电商高速发展，2022 年全国跨境电商进出口规模达到 2.1 万亿元，在"买全球、卖全球"方面的优势和潜力持续释放。山东作为经济大省，按照党的二十大报告"发展数字贸易，加快建设贸易强国"的部署要求，引导企业推进贸易各环节"上线触网"，跨境电商生态圈不断完善，实现产业集聚、数字化赋能、品牌出海，打造贸易高质量发展新格局。但是在网络营销运营、网页设计、仓储物流等方面专业人才缺口较大，更需要我们不断学习专业技术，助力山东经济发展。

## 知识单元1　搜索引擎营销推广

### 单元导读

据调查，在互联网时代，62% 的消费者在了解有关新业务、产品或服务的更多信息时首先求助于搜索引擎，而 41% 的消费者在准备购买时也会使用它们。考虑到消费者使用搜索引擎查找产品和服务信息的普遍性，这对企业来说是一个巨大的商机。假如你有一个销售服装的电商网站，你希望人们通过搜索引擎（百度、搜狗、360 等网站）找到你，并进入你的网站购买产品。怎样才能提高网站在搜索结果中的排名，使企业网站出现在搜索结果的前几页，以获得更多的流量？这就需要对网站进行搜索引擎优化。

### 知识学习

#### 一、搜索引擎登录注册

##### 1. 搜索引擎的概念与组成

（1）概念。

随着互联网的迅猛发展、Web 信息的增加，用户查找信息的难度增大，而搜索引擎技术解决了这一难题，它可以为用户提供信息检索服务。搜索引擎是指根据一定的策略、运用特定的计算机程序从互联网上搜集信息，在对信息进行组织和处理后，为用户提供检索服务，将用户检索的相关信息展示给用户的系统。

（2）组成。

搜索引擎组成包括搜索器、索引器、检索器、用户接口。

搜索器：在互联网中漫游，发现和搜集信息。

索引器：理解搜索器搜索到的信息，从中抽取索引项，用于表示文档以及生成文档库的索引表。

检索器：根据用户的查询在索引库中快速检索文档，进行相关度评价，对将要输出的结果排序，并能按用户的查询需求合理反馈信息。

用户接口：其作用是接纳用户查询、显示查询结果、提供个性化查询项。

### 2. 搜索引擎营销

搜索引擎营销（Search Engine Marketing，SEM），是指人们使用搜索引擎方式将用户检索的信息尽可能传递给目标用户；或指基于搜索引擎平台的网络营销，利用人们对搜索引擎的依赖和使用习惯，将人们检索的信息传递给目标用户。

搜索引擎营销实现的基本过程是：企业将信息发布在网站上，搜索引擎将网站/网页信息收录到索引数据库，用户利用关键词进行检索，检索结果中罗列相关的索引信息及其链接URL，用户选择有兴趣的信息并点击URL进入信息源所在网页，这样便完成了企业从发布信息到用户获取信息的全过程。

搜索引擎营销的基本思想是：让用户发现信息，通过点击信息网页，进一步了解所需要的信息。企业通过搜索引擎付费推广，让用户可以直接与公司客服进行交流、了解，实现交易。

### 3. 搜索引擎基本工作流程

在开展搜索引擎营销时，有必要了解搜索引擎的工作原理和工作流程，这对企业日常搜索应用和网站提交推广都会有很大帮助。

从本质上来说，搜索引擎的工作原理属于技术层面的问题，但是营销人员只有掌握了其工作原理后，才能加深对搜索引擎的理解，从而更好地制定出符合本企业实际的搜索引擎营销策略。其工作流程为：输入请求（抓取网页）—搜索转换（处理网页）—主页展现（提供检索服务）或可理解为：抓取—数据库—分析搜索请求—计算排列顺序。具体如图5-1所示。

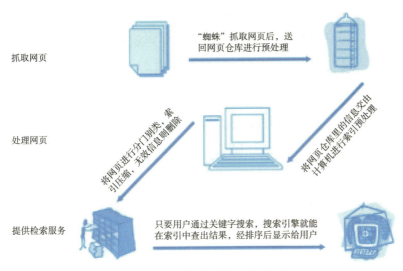

图 5-1　搜索引擎工作流程

例如，搜索女装，搜索引擎根据客户请求的匹配程度，通过自身原理来断句、词组、查找关键字，显示结果。结果排序时考虑网站页面的关键词密度、文件大小、网址、标题与正文描述、段落标题加粗、外部链接度等。搜索引擎的自动信息搜集功能分两种：一种是定期搜索，即每隔一段时间，搜索引擎主动派出"蜘蛛"程序，对一定 IP 地址范围内的互联网站进行检索，一旦发现新的网站，会自动提取网站的信息和网址加入自己的数据库。另一种是提交网站搜索，即网站拥有者主动向搜索引擎提交网址，它在一定时间内（2 天到数月不等）定向向你的网站派出"蜘蛛"程序，扫描你的网站并将有关信息存入数据库，以备用户查询。

### 4. 搜索引擎营销价值

搜索引擎在整个网络营销中占有很重要的位置，它的主要价值与作用主要体现在如下三个方面。

（1）成本低廉且宣传广泛。

搜索引擎营销的功能就是让目标客户主动来找企业，服务商则按照客户的访问量收费，这比其他广告形式的性价比要更高。许多企业正是基于搜索引擎营销成本低廉、效果显著、操作灵活和易于管理考评的特点，将其作为企业网络推广的主要手段。对于中小企业来说，很难与大企业在传统推广方式上争展区、争位置，而搜索引擎营销却能使企业利用网站向客户全面展示公司的产品、特点，给予中小企业公平竞争的机会。

（2）便于企业开展网上市场调研。

搜索引擎是非常有价值的市场调研工具，通过搜索引擎输入有效关键词，查看搜索结果，可以方便地了解竞争者的市场动向、产品信息、用户反馈、市场网络、经营状况等公开信息，做到"知彼"，增强自身的竞争力。例如，当输入旅行服务的主营业务关键词"酒店预订"时，在搜索结果页面中"携程"位列旅行服务类网站第一。同时，利用搜索引擎还可以了解市场营销的大环境，包括政府有关方针政策、有关法令的情况；经济环境，即消费者收入、消费水平、物价水平、社会资源等。搜索引擎是企业直接接触潜在消费者的较好方式之一，可以全方位地了解消费者的需求。

（3）提升企业网络品牌知名度，有利于企业产品推广。

全球最大的网络调查公司 CyberAtlas 的调查表明，网站 75% 的流量都来自搜索引擎。搜索引擎不仅可以给公司的网站带来流量，最重要的是搜索引擎所带来的流量都是客户通过关键词的搜索得到的，都是针对性非常强的流量，这些搜索者一般来说就是企业广告。

总之，在网络营销内容体系中，虽然搜索引擎营销的地位比较重要，是网络营销研究发展和网络营销实践应用中不可缺少的组成部分，但搜索营销的知识体系也在快速发展中，搜索引擎隐形营销的研究在不断扩大，成为网络营销体系中重要的分支领域。

### 5. 搜索引擎推广

（1）搜索引擎推广的概念。

搜索引擎推广是通过搜索引擎注册登录、搜索引擎优化以及研究关键词的流行程度和相关性在搜索引擎的结果页面取得较高的排名的营销手段。

（2）搜索引擎注册。

搜索引擎注册是指利用搜索引擎、分类目录等具有在线检索信息功能的网络工具进行网站推广的方法。例如，企业自建网站需要让更多人知道，就可通过各大搜索引擎工具推广来实现。

搜索引擎注册通常有人工注册和自动注册（自动登录）两种方式。其中，搜索引擎自动注册，是利用有关的搜索引擎登录软件，一次输入网站登录搜索引擎所需资料，然后由程序自动向多个搜索引擎提交网站的资料，即一次输入注册所需资料，然后由程序自动加注搜索引擎。其特点是速度快，但准确度低，特别是那些小型搜索引擎，对网站增加访问量几乎没有作用。

## 二、搜索引擎优化

企业要想在网站推广中取得成功，搜索引擎优化是至为关键的一项任务。

### 1. 搜索引擎优化的概念

（1）什么是搜索引擎优化。

搜索引擎优化（Search Engine Optimization，SEO），是一种利用搜索引擎排名规律（规则、原理）和搜索引擎排名计算公式让网站在搜索引擎（百度、谷歌、搜狗、360等）搜索中排名靠前的一种应用技术，操作技巧、方法和手段。

（2）什么是关键词。

关键词源自英文"keywords"，特指单个媒体在制作使用索引时，所用到的一种关键词汇。也就是指任何一位搜索引擎用户，在搜索框中都可输入想要通过搜索引擎查找的相关信息用语。它可以是一个字，也可以是一个词、一句话、一个英文字母/英文单词、一个数字、一个符号等任何可以在搜索框中输入的信息。

例如，产品关键词：坚果、干果、腰果、果仁、开心果等；

品牌关键词：三只松鼠、三只松鼠股份有限公司、匠心坚果领先品牌等；

促销关键词：三只松鼠年货坚果礼盒团购，新年零食，解馋休闲小吃大礼包等。

（3）关键词分类。

广泛关键词：行业、服务、产品类别名，具有广泛意义的关键词，如服装、酒店、家具、美容等；

核心关键词：是主营业务、产品、服务类别具体化的名词，如网站建设、网络推广、工艺礼品等；

长尾关键词：在核心关键词的基础上，在其前后添加修饰词，如礼品公司、礼品厂家、深圳网站建设公司；

借力关键词：借用别人的品牌、公司、产品、服务等名称的词语，如我们是做营销型网站建设服务的，可以借力"牛蛙网"一词；

问题关键词：以提问题的方式搜索的词语，如平板电脑哪个品牌比较好，深圳哪里有建站公司。

### 2. 搜索引擎优化常用工具

（1）SITE（www 开始），查看网站收录；

（2）站长工具（http：//tool.chinaz.com），查看整站情况；

（3）爱站网（http：//www.aizhan.com），查看网站运营情况；

（4）百度指数（http：//index.baidu.com），查看关键词在百度的搜索量。

**思考探索**

企业新建网站有必要进行搜索引擎优化吗？

## 拓 展 延 伸

　　搜索引擎的网页排名算法是非常复杂的，也很少全部对外公开。但是研究网页排名算法的得分要素有利于我们开展搜索引擎优化。

### 1. 谷歌排名算法

　　谷歌发布的网页排名算法公式如下：

　　谷歌得分=（关键词得分×0.3）+（域名权重×0.25）+（外链得分×0.25）+（用户数据权重×0.1）+（内容质量得分×0.1）+（人工提分）-（人工/自动降分）

　　关键词得分影响因子包括网页 title、Hx、文本内容、外链中和域名 / 网址；域名权重得分影响因子包括注册历史、域名年龄、外链权重、外链及给出链接相关度、使用历史和链接形式；外链得分影响因子包括链接时间、链接域名权重、锚文本、链接数量和权重（PR 或其他参数）、外链网页的主题；用户数据得分影响因子包括搜索引擎结果页面（SERPs）的点击率、用户在网页上浏览的时间、域名或 URL 搜索量、访问量及其他 Google 能够监测到的数据（如工具条、GA 等）；内容质量得分影响因子包括流行的内容 / 关键词人工加分、Google 投票人员。

### 2. 百度排名算法

　　对于中文网站来说，在百度获得好的排名就是 SEO 工作成功的关键。百度的排序算法非常复杂，依据公开的文档，大致可以归类为以下几个影响网页排序的重要因素：

　　（1）页面相关性。页面相关性即用户检索的词和网页内容的匹配程度，比如用户搜索"打印照片"，那么排在前面的页面应该都是和打印照片相关的页面，即搜索到的结果应该是和关键词完全相关或者是部分相关的。相关度越高的页面，在排序方面越会获得更高的加分。

　　（2）网页内容的质量。百度对于内容的质量审核越来越严格，为了保证搜索质量、提高用户使用满意度，百度搜索引擎每周都会进行网页质量抽样评估。百度搜索引擎在衡量网页质量时，会从内容质量、浏览体验、可访问性三个维度综合权衡给出一个质量打分。网页低质量问题有广告过多、占据网页主要位置以及超预期弹窗带来的浏览体验差、内容空短和信息过期等，百度对于内容比较差的网站给予的权重非常低，甚至不给排名。

　　（3）权威性。用户喜欢有一定权威性网站提供的内容，相应地，百度搜索引擎也更相信优质权威站点提供的内容。如果网站域名是政府专用的 .gov 类，或者网站的所属权是权威的公司或者部门，一般会将这样的网站排名靠前。

# 知识单元2　网站联盟推广

## 单元导读

　　某公司新建企业网站，在网站中全面介绍公司的销售产品和服务内容，详细介绍各种产品，但是网站点击率不高。希望通过网络联盟推广的方式提高网站点击率，提升企业知名度。

## 知识学习

　　网站联盟推广，又称联盟营销，是指在营销过程中，不同的企业共同合作，通过共享资源、服务等方式达到相互利益的营销形式。网站推广联盟是一种网络营销方式，多个网站之间互相合作，通过互相推广实现共赢。联盟成员通过互相推广，可以获得更多的流量和用户，从而提高网站的曝光率和知名度。联盟成员可以共同制定推广策略，分享经验和资源，提高推广效率和效果。网站联盟推广可以通过以下几种形式来实现。

## 一、网站友情链接

### 1. 友情链接的概念

　　友情链接也称交换链接或互惠链接、互换链接，可理解为具有一定互补优势的网站之间的简单合作形式，即分别在自己的网站上放置对方网站的 Logo 或网站名称，并设置对方网站的超级链接，使得用户可以从合作网站中发现对方的网站，达到互相推广的目的。

　　友情链接是网站流量来源的根本，如一种可以自动交换链接的友情链接网站（每来访一个 IP，就会自动排到第一），这是一种创新的自助式友情链接模式。

### 2. 友情链接的作用

　　（1）提升网站访问流量。友情链接可以通过互相推荐，获得访问量、增加用户浏览时的印象、通过合作网站的推荐增加访问者的可信度，在搜索引擎排名中增加优势，从而使网站的权重提升，增加流量。

　　（2）完善用户体验。跟同行间交换友情链接，自己网站没有的内容引导用户从其他网站获取，便于更直接简单地了解同类网站的全面信息，可以有效提升网站用户体验。

（3）增加网站外链。链接流行度，是指与站点做链接的网站数量，它是搜索引擎排名要考虑的一个很重要的因素。也就是说，站点链接的数量越多，等级越高，网站相互链接是友情的表现，对于搜索引擎优化考量外部链接有很大作用。

（4）提升网站 PR。友情链接的质量高，对提升 PR 值有很大的帮助，提升 PR 是交换友情链接最根本的目的。

（5）提高网站权重。只有权重高了，搜索引擎才会重视你。

（6）提高知名度。对于一些特定的网站和特定的情况，才会达到此效果。如一个不知名的新站，要能与新浪、搜狐、雅虎、网易、腾讯、3G 网址大全等大的网站全都做上链接的话，对其知名度及品牌形象肯定是一个极大的提升。

### 3. 友情链接平台推荐

（1）55Links（www.55links.com）。

55Links 属于老牌的友情链接平台，原名永链网，操作简单、使用方便，平台运营稳定，买卖友链比较推荐。

（2）2898 站长资源平台（www.2898.com）。

2898 站长资源平台为 2015 年以后发展起来的平台，资源产品方面比较全面，包括文字链、图文链、交换、自媒体等站长相关资源。

（3）换链神器（www.huanlj.com）。

换链神器为目前主流的换外链平台，操作简单，可以交换的友情链接也很多，每天可以申请交换 30 个网站。

（4）爱链网（www.520link.com）。

爱链网为老牌的友链平台之一，是爱站平台的换链工具，可以免费试用。

## 二、网站联盟

网站联盟（专业术语叫作网络会员制营销或者联属营销），是通过聚集海量的网站媒体，在互联网渠道组成一个联盟，再根据广告客户的需求，在联盟网站中以动画、图片、文字等表现形式进行广告投放的一种网络推广方式。

本质上来说网站联盟是一种按效果付费的网络广告形式，即在自己网站上投放广告，当访问者产生一定的行为之后（如点击广告、下载程序、注册会员、实现购买等），根据这种行为而获得广告主支付的佣金。为网站联盟支付广告佣金的广告主就是提供网络联盟计划的网站。网盟推广是搜索引擎营销的延伸和补充，网盟推广可以将企业的推广信息展现在网民浏览的网页上，覆盖网民更多的上网时间，其对网民的影响更加深入持久，可有效帮助企业提升销售额和品牌知名度。

常用的网盟推广平台主要有：

### 1. 百度联盟（https：//union.baidu.com/bqt/#/）

百度联盟隶属于全球最大的中文搜索引擎——百度，依托百度强大的品牌号召力，经过多年精心运营，已发展成为国内最具实力的联盟体系之一。百度广告联盟的 CPC 模式适合中文网站。只要你的网站内容合规，就能顺利接入。它的广告会精准匹配用户需求，提高点击转化率，是值得信赖的选择。其优势是覆盖面广，劣势是容易遭到竞争对手的恶意点击，使得广告费用浪费。百度联盟相关页面如图 5-2 ~ 图 5-4 所示。

图 5-2　百度联盟页面

图 5-3　百度联盟注册页面一

图 5-4　百度联盟注册页面二

### 2. 阿里妈妈联盟（https：//www.alimama.com/index.htm）

阿里妈妈联盟是阿里巴巴旗下的一个联盟营销平台，为广告主和网站主提供了一个便捷的广告投放和管理平台。阿里妈妈作为电商广告联盟，对于消费品广告表现出色，如图 5-5 所示。

图 5-5　阿里妈妈联盟页面

### 3. 腾讯联盟（http : //e.qq.com/dev/index.html）

腾讯联盟，是基于腾讯联盟生态体系，依托广点通技术，集广告投放、数据分析、效果评估于一体的广告营销工具。它可以帮助企业精准定位目标用户，实现广告的精准投放，提高广告的转化率，腾讯联盟页面如图5-6所示。

图 5-6　腾讯联盟页面

### 4. 亿起发广告联盟

亿起发广告联盟作为老牌平台，对新手站长友好，提供多种广告形式，包括淘宝客和海淘广告，方便一站式满足需求。如果你的资质不够或申请其他联盟有困难，亿起发是值得尝试的平台，亿起发广告联盟页面如图5-7所示。

图 5-7　亿起发广告联盟页面

**思考探索**

用哪些方式可以实现网络联盟推广？

## 拓展延伸

网站联盟，通常指网络联盟营销，也称联属网络营销，1996 年起源于亚马逊的 AMZAFF（亚马逊联盟，Amazon Affiliate 的缩写）。Amazon 通过这种新方式，为数以万计的网站提供了额外的收入来源，且成为网络 SOHO 族的主要生存方式。在我国，联盟营销还处于萌芽阶段，虽然有部分个人或企业开始涉足这个领域，但规模还不大，一般的网络营销人员和网管人员对联盟营销还比较陌生。目前我国比较知名的网站联盟有当当网联盟网站、盘石中文网站联盟、中国农业网站联盟等。

中文网站联盟通过多年的研发，已经超越了其他联盟网站一跃成为全球最大的中文网站联盟——盘石。盘石网站联盟囊括了 36 个行业类别的优质网站，加盟合作网站累计超过 40 万家，每天超过 100 亿次的展现，影响力覆盖 95% 的中国网民，而盘石网盟推广，正是以 40 万家优质盘石联盟网站为平台的网络推广方式，当网民进入互联网海量网站时，网盟推广可以通过人群定向、网站定向、关键词定向、行为定向、地域定向等多种定向方式，精确锁定您的目标人群，并将企业的推广信息以文字、图片、Flash、动画、视频等多种形式展现在目标人群浏览的网页上，在其上网的全过程产生深入持久的影响力，有效提升企业销售额和品牌知名度。

联盟营销的关键流程及设置方法主要包括：

（1）确定联盟营销策略：包括目标受众、产品定位、归因方式、佣金政策、追踪方式及时长等。

（2）联盟营销项目开设：准备好营销素材及落地页，在合适的联盟平台搭建好联盟项目与联盟伙伴建立合作，通过主动招募或审核申请等方式确认合作，联盟伙伴获取到专属的可追踪链接。

（3）联盟伙伴进行自主推广：联盟伙伴通过擅长的营销方式对产品进行针对性推广，并添加专属链接。

（4）顾客行为确认：顾客在日常活动中接收到传播信息并点击专属链接，转化追踪开始发起。

（5）转化情况追踪：在追踪期限内，如果顾客发生购买等有效转化行为，则数据返回联盟平台。

（6）联盟效果实现：等待期结束后交易最终确认，品牌商家定期向联盟伙伴支付佣金。

# 知识单元3　网站平台推广

## 单元导读

网站平台推广是指在网络上开展营销活动的平台通过互联网的信息传播和互动，帮助企业实现品牌推广和销售业绩的提升。在本次任务中，我们学习网站平台推广的几种主要形式，为将来从事网络营销工作奠定基础。

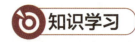 **知识学习**

## 一、企业自建网站推广

企业网站是企业网络营销的重要组成部分，也是进行网络营销的主要工具之一，虽然不是每个企业都必须通过自建网站进行推广，但是企业自建网站对于企业的营销推广具有非常重要的作用，也是进行网络营销的基础。要了解企业自建网站，首先应从企业自建网站的类型开始。

### 1. 企业自建网站的类型

（1）基本信息型。

针对行业内人士或顾客介绍企业的基本情况，以树立企业形象为主，及时发布企业重大新闻事件或新产品上市等，同时适当提供行业内信息或普及性知识信息，以扩大企业网站的影响力。

（2）电子商务型。

面向供应商、顾客提供某种属于企业业务范围内的产品或者服务，通过企业网站平台进行交易，它处于电子商务发展的中间阶段，虽然可以通过网站进行交易和支付，但其网络推广功能较弱。

（3）多媒体广告型。

通过网站主要进行企业宣传，以宣传企业的核心品牌形象，或者主要产品及服务为主，让顾客通过网站更加了解企业，该种类型的主要目的是通过企业网站进行形象宣传。

### 2. 企业自建网站的推广功能

（1）品牌形象展示功能。

企业网站本身就是企业的"脸面"，特别是在互联网发展快速的今天，了解企业最直接的方法就是进入该企业的网站。因此，网站建设的好坏直接影响企业形象，同时也对企业网站的其他功能产生直接影响。特别是对网络直销类型的企业，网站的专业化对于顾客来说至关重要。

（2）信息发布功能。

网站是企业信息的载体，通过企业网站，可以发布一切有利于企业形象、顾客服务以及促销的信息，同时还可以通过企业网站发布招标信息、合作信息、招聘信息等，因此通过企业网站可以对企业进行强有力的宣传和信息发布。

（3）提升顾客服务质量。

做好顾客服务是现代企业无法忽视的问题，而通过企业网站可以为顾客提供各种在线服务和帮助信息，是最方便快捷的途径，同时也是提升企业问题解决能力的重要表现。例如，常见的问题解答（FAQ）、BBS 留言、QQ 在线咨询等及时通信工具的运用，既可以为顾客提供便利，也提高了顾客服务效率，降低了企业服务成本。

（4）建立良好的顾客关系。

良好的顾客关系能够为企业带来巨大的好处，现代企业越来越重视与顾客关系的维护，很多企业网站通过企业博客、论坛、有奖竞猜等方式鼓励顾客参与企业的活动，这样不仅进行了产品推广，还有利于树立企业形象，同时也加强了与顾客的沟通，有利于提升顾客忠诚度和信任度。

## 二、第三方平台应用推广

### 1. 第三方平台的概念

第三方平台一般指除买卖双方之外的第三方建设的为买卖双方开展电子商务服务的平台，第三方平台通过计算机硬件和软件组成进行电子商务活动的系统及其操作环境。企业可通过第三方平台进行企业信息、产品供求以及招聘人员等内容的发布。第三方平台是现在网络平台中应用较广泛的平台之一。

### 2. 第三方平台的类型

（1）根据电子商务模式，第三方平台可以分为 B2B 电子商务平台、B2C 电子商务平台和 C2C 电子商务平台。

① B2B 电子商务平台是指企业对企业进行的电子商务服务平台。该平台主要服务于企业，由企业进行注册，买方也是企业用户，一般交易量比较大，对于客户的信用体系要求比较高，客户交易比较谨慎。我国主要的 B2B 平台有阿里巴巴、中国制造、环球资源、慧聪网等。这些平台拥有良好的运营能力，买卖双方的信任度较高。

② B2C 电子商务平台是企业对普通消费者进行宣传推广的电子商务平台。B2C 主要针对普通消费者，因此要更多地了解普通消费者的心理，分析普通消费者的需求，进行大量的促销活动，以吸引更多的流量和顾客到 B2C 电子商务平台上进行消费。我国现在主要的 B2C 平台有淘宝商城、京东商城等。

③ C2C 电子商务平台是可以允许个人注册的电子商务平台，平台允许个人销售产品，主要目标人群也是普通消费者，可以针对个人消费新品或者二手产品。常见的 C2C 电子商务网站有淘宝店铺、拍拍网和二手拍等。

（2）根据电子商务平台功能，第三方平台可以分为电子商务信息发布平台、电子商务支付平台和电子商务交易平台。

①电子商务信息发布平台主要为用户提供平台，供客户发布各种分类信息，另外有一些平台为企业提供"智能建站"服务，通过网站平台可以让用户搭建网上店铺，但在该店铺上不发生交易行为。常见的信息发布平台有中国房产网、生意宝等。在很多行业都会有这种类型的信息发布平台网站，这些网站可以供专业用户进行信息的发布或虚拟店铺的建立。

②电子商务支付平台指一些本身不从事电子商务活动，但同各大银行签约，形成具有一定实力和信誉保证的第三方独立机构的支付平台，它起的是中间商的作用，可以为买卖双方提供安全保障的支付交易。现在比较流行的有支付宝、微信支付、财付通等。

③电子商务交易平台指平台为企业或个人提供网上交易洽谈的平台，买卖双方通过电子商务交易平台进行沟通，实现网络交易和在线支付。该类平台既可以是企业也可以是个人，平台完成交易的全部环节。

（3）根据行业范围第三方平台可以为综合电子商务平台、行业电子商务平台和总公司电子商务平台。

①综合电子商务平台是指平台交易包括各类商品，有不同的行业类目，但是都可以在该平台上进行交易，如阿里巴巴、中国制造网、环球资源网等。

②行业电子商务平台指主要供某个特定行业进行信息交流和交易的平台。该平台买卖双方都是某个行业内有需求的企业或个人，大部分是 B2B 的用户通过该电子商务平台进行洽谈交易。典型的行业电子商务平台如中国纺织网、中国建材网、中国五金网等。

③总公司电子商务平台一般是指具有行业领导地位的企业形成的公司门户网站，在行业内具有较大的影响力，是能够协同行业内的各种企业进行沟通洽谈的电子商务平台，如五芳斋等。

（4）根据地域范围第三方平台可以分为全国电子商务平台和区域电子商务平台。

①全国电子商务平台为全国各地的电子商务服务网站服务，面向全国用户，各地的用户都可以从该平台进行洽谈沟通。我们现在用的大部分网站都是全国电子商务平台，如阿里巴巴、拍拍网等。

②区域电子商务平台指为某一特定区域服务的电子商务平台，买卖双方都是某一特定区域的顾客，平台具有很强的区域性，如嘉兴经编门户网站、浙江纺织网等。

### 3. 企业利用第三方电子商务平台推广的策略

（1）根据企业情况和平台特点，合理选择平台类型。

第三方电子商务平台类型众多，不同类型的电子商务平台有不同的特点。例如，综合平台具有行业覆盖面广、平台内容广度大、客户资源庞大等特点；行业平台显著的特点就是专业化、垂直化，平台内容深度大，行业分工精细；区域平台则主要是针对某一特定区域范围的综合性或行业性平台；政府门户网站主要由政府主办，具有权威性、公信力较大；总公司平台具有一定的隶属关系，专业性比行业平台更强。因此，企业在选择搭载平台时，应该根据自身的规模、技术、业务流程、产品、组织结构、所处的地理区域等要素，结合不同电子商务平台的特点，合理选择第三方电子商务平台。

（2）尽可能搭载多类平台，实现优势互补。

第三方电子商务平台的类型不同，其优势也各有不同，因此，不同类型的平台选择组合将有助于企业更好地开展电子商务。对于地方性的中小企业，通过对综合电子商务平台、区域电子商务平台和政府门户网站的选择，在一定区域范围内能提高其影响力，扩大其产品销路，并且这些平台的组合搭载成本相对较低；而对于大规模企业，搭载综合电子商务平台、行业电子商务平台或者上级平台，则易于在更大范围内扩大市场份额，企业产品影响力在广度和深度上都利于展开。因此，企业在自身经济能力允许的情况下，应考虑尽量搭载多类平台，将不同平台的优势充分利用起来，最终达到扩大产品销路、增加企业利润的目的。

（3）充分利用平台提供的各项功能，实现真正意义上的"电子商务"。

①利用平台做好企业产品和服务的宣传与推广。

发布企业和产品信息是电子商务平台的基本功能，也是企业利用最多的功能，企业应充分利用平台来发布一些对买方有用的，如企业简介、企业文化、企业组织结构、企业供求信息、产品宣传、产品质量等信息，这样买方得到的信息比较全面，不会因为买卖双方信息不对称而影响后期的交易。在平台上发布信息应图文并茂，并经常更新。

②充分利用平台的各种功能，提升企业网络营销能力。

利用电子商务平台可以帮助企业实施产品促销、供应商关系管理、客户关系管理与服务、内容管理、库存管理、ERP 管理、点击流捕获、价格定制等。企业可以利用平台提供的网络留言、在线咨询、在线询价、在线音频、在线视频等功能，完全打破空间的限制，及时与买方实现网上洽谈，充分了解客户的真实需求。这样有利于企业挖掘更多的潜在客户，促成更多交易达成。网上洽谈成功后，可以利用第三方电子商务平台提供的在线订单功能，让客户在线提交联系方式、地址、产品数量需求、备注等详细信息。企业可以利用这些信息准确及时地发送产品，同时也方便建立永久的客户关系，为后期的进一步交易与服务跟踪提供信息。在线支付是指买卖双方通过互联网上的电子商务网站进行交易时，银行为其提供网上资金结算服务的一种业务，它为买卖双方提供了一个安全、灵活、快捷、方便的电子商务应用环境和网上资金结算工具。企业应利用平台的在线支付功能，实现在线支付；企业还应利用第三方电子商务平台提供的一些及时交流工具，做好完善的售后服务，实时与客户取得联系，关注客户对企业、产品以及服务的评价，利用这些有利的反馈信息，及时进行自我剖析，使企业的各项服务趋于完善。

## 三、移动平台营销推广

### 1. 移动平台营销的概念

随着智能手机的普及，使用移动客户端进行信息的查阅，产品的购买成为一种消费趋势，如何通过移动平台进行推广成为众多企业的一个网络推广方向。移动平台营销主要是通过手机、移动网络接收端为主要传播平台，向目标客户群体精确地传递企业即时信息的一种方式，企业通过移动平台与消费者进行信息互动、企业形象的传递、产品或服务的销售，从而实现企业网络营销推广的目标。

### 2. 移动平台推广的特点

（1）进行有效市场分析。

通过移动终端，可以对顾客进行营销推广，针对后期的各种市场情况进行反馈，同时企业还可以通过移动终端进行市场调查、信息采集和市场分析等，以了解顾客对产品的真实感受。

（2）实现企业的精准营销。

移动终端现在多指手机用户，一般一个号码对应一个特定用户，企业可以分析用户在该手机上所浏览的信息情况及消费习惯，实施精准营销。

（3）广告时效快，成本低。

移动终端传播速度快，制作费用低廉，与顾客互动简单易用。例如，现在所使用的微信推广，制作好推广内容后，通过微信平台粉丝的分享，快速传递到目标顾客群体移动终端，时效快、成本低。

### 3. 移动平台的类型

（1）PC 渠道的移动端延续。

企业在原有门户网站的基础上，由于消费者消费终端的转移，PC 端的使用频次、关注度等大打折扣，企业必须进行移动端的延续，不仅在 PC 端继续优化自己的官网，同时在移动端开发企业 App，顺应时代变化，适应客户消费方式的转变。

（2）社交 App。

社交 APP 有非常强的互动沟通特点，通过社交 App 可以深度与用户交流互动，增强用户黏性，提高用户服务体验。当下最流行的主要有微信和微博，另外还有陌生人社交软件陌陌、职场人士社交软件脉脉等社交 App，而选择哪种社交软件，主要看该种软件的核心价值是否与企业需求匹配，该社交 App 上的顾客是否是企业的目标人群，等等。

（3）社区 App。

社区 App 主要针对某个偏好的人群比较聚集的软件平台，社区 App 具有非常鲜明的特征，它主要根据不同人群、社区功能定位以及内容偏好等形成不同的社区。企业可以根据自己的情况，选择适合自己的社区进行网络推广。现在比较具有代表性的有知乎、豆瓣、百度贴吧等。

（4）资讯类 App。

企业通过资讯渠道，根据企业需求发布软文营销。资讯类平台一般可以允许企业申请入驻或利用 RSS（简易信息聚合）接入内容，平台允许企业将自己的宣传信息通过文章或新闻的形式植入资讯，吸引顾客，获取流量。比较具有代表性的资讯类 App 有今日头条、一点资讯、搜狐、网易等各类新闻门户平台。

（5）用户细分类 App。

企业可以根据不同人群的爱好进行 App 的开发，也可以根据自己企业或产品的情况注册到某种属性的 App 下进行产品推广。例如，美食类平台"美食杰"，唱歌类平台"唱吧"等。

（6）内容细分类 App。

企业根据自己擅长的情况不同，并根据自己的优势形成不同的移动平台或注册到不同的内容平台上。内容细分有文字、图片、音频和视频四类，例如比较流行的秒拍、优酷、掌阅等。

## 四、跨境平台营销推广

### 1. 跨境平台营销的概念

互联网的发展加速了全球化网络营销的步伐，特别是我国政府近年来对跨境电商行业支持力度较大，使我国跨境电商发展迅速。跨境平台营销是指企业通过跨境平台，在不同国家和地区的交易主体之间通过网络的方式了解不同国家消费群体的消费偏好，进行网络推广和销售的方式。随着跨境平台职能的完善，通过跨境网络平台顾客可以完成在线订购、支付结算、物流配送、清关等多个环节，极大地促进了跨境销售。

### 2. 跨境电商平台的分类

（1）按进出口方向不同分类。

①出口跨境电子商务。

出口跨境电商是在传统外贸出口的基础上，依赖网络平台进行的对外贸易活动。随着我国传统外贸经济的低迷，出口跨境电商近年来发展迅速。

②进口跨境电子商务。

企业通过跨境电商平台购买境外企业的产品或服务销售到国内，为国内消费者提供各种产品和服务以及后续的跟踪服务。随着我国人民生活水平的提升，消费者对产品质量的要求越来越高，产品选择的范围越来越广，从而带动了跨境进口电商的发展。

（2）按照商业模式分类。

① B2B。

目前，我国跨境电商交易中主要是企业对企业，而 B2B 跨境电商平台则指企业提供相关的信息、产品或服务面对最终客户，服务的最终客户也主要是企业或集团用户。该模式一般有交易量比较大、交易过程较长、交易比较谨慎等特征。主流 B2B 平台主要有阿里巴巴国际站、敦煌网、中国制造、环球资源网等。

② B2C。

B2C 跨境电商是指跨境电商企业主要针对零售用户进行产品推广和销售的平台，不同性质的平台销售的产品类目有较大的差别，如兰亭集势主要以婚纱销售为主；FocalPrice 主要经营的是 3C 类目的电子类产品。另外，有企业自营平台进行 B2C 交易，如米兰网、兰亭集势；也有通过第三方平台进行的，如速卖通、亚马逊等。近年来，消费者市场发展迅速，中国跨境交易市场中面对消费者的交易模式占比不断升高。

③ B2B2C。

B2B2C 是一种新型的电子购物商业模式，第一个 B 主要是指产品或服务的供应方，它们是产品真正的卖方。第二个 B 主要是指从事电子商务运营的企业，它们具有较强的电子商务运营能力和市场推广能力，通过电子商务运营企业的介入能够为生产商和终端消费者提供更加优质的服务，如抠抠电商、大龙网等，都是通过电商运营企业的介入进行跨境电商的模式。

④ C2C。

C2C 主要指个人卖家通过第三方平台发布产品或服务信息，将产品卖给最终用户的一种模式。C2C 模式现在主要是通过海外代购模式获取产品，然后通过微信朋友圈等方式进行销售，也有通过淘世界、洋码头、蜜芽宝贝等平台进行个人注册，然后进行售卖的。

（3）按平台运营商类型分类。

①企业自营平台。

企业自己联系国内外各大生产企业平台，买断商品，通过自建跨境网络平台进行销售。跨境电商平台为集中的产品采购商，独立销售，获取产品销售利润。例如，比较著名的兰亭集势、米兰网、帝科斯等跨境平台均为此类企业。

②第三方开放平台。

第三方企业开发跨境平台，吸引众多企业入驻，第三方平台和企业共同推广，为吸引消费者通过平台进行消费的跨境营销模式。第三方平台主要为企业提供信息、资金安全的保障和物流等方面的服务，不参与真正的交易。平台企业只是在企业交易的基础上收取一定的佣金作为平台盈利的来源。例如，阿里巴巴的速卖通、亚马逊、eBay、敦煌网、易唐网、联畅网等都属于第三方跨境平台。

③代运营服务。

代运营服务模式下企业主要是服务提供商，企业不直接参与电子商务买卖的过程，主要是为跨境中小企业提供跨境服务，如海外市场调研、跨境电商平台建设或海外市场运营推广等。服务提供商的主要作用是帮助企业解决跨境电商的各种问题，主要赚取企业支付的服务费用。

**思考探索**

列举第三方推广平台的类型并进行比较。

**拓 展 延 伸**

随着信息技术的发展，互联网正深刻影响着社会经济与生活。网络推广平台应用得越来越广泛。网络推广平台是指在网络上开展营销活动的平台，通过互联网的信息传播和互动，帮助企业实现品牌推广和销售业绩的提升。网络推广平台可以分为以下五类。

**一、搜索引擎推广平台**

搜索引擎推广是一种通过竞价排名或优化站点的方式，使得企业网站出现在搜索引擎结果页的前面位置，从而增加网站流量和成交量。目前国内最大的搜索引擎是百度，百度推广平台是企业进行搜索引擎推广的主要选择。除了百度，还有搜狗、360等搜索引擎也提供了推广服务。

**二、社交媒体推广平台**

社交媒体是近年来网络推广中的热门领域。企业可以通过在微博、微信、QQ等社交媒体上发布广告、宣传品牌，获得更多的曝光率和用户，达到服务目的。社交媒体平台也提供了各种付费推广服务，比如微博品牌广告、微信公众号推广等。

**三、内容推广平台**

内容推广平台是一种以内容为核心的网络推广方式。企业通过生产高质量的内容，吸引并留住目标用户。在目标用户观看这些内容时，将广告呈现在用户面前，从而实现品牌宣传和营销目标。国内知名的内容推广平台有百度百家、新浪新闻、头条号等。

**四、电商平台**

电商平台是以在线购物为核心的网络推广平台。企业通过在淘宝、京东、拼多多等电商平台建立自己的店铺或者开展品牌的宣传活动，通过电商平台的流量来增加销售机会。在电商平台上，企业可以通过购物活动、优惠券、秒杀等多种方式，吸引用户下单。

**五、视频推广平台**

随着网络视频的崛起，视频推广平台也慢慢发展起来。企业可以通过在优酷、爱奇艺、腾讯视频等平台上进行视频营销，将品牌形象和产品特色通过视频展示的方式呈现给用户，增加品牌知名度和用户转换率。

网络推广平台的种类和选择因企业需求而异，每个平台都有其独特的优势和适用场景。企业需要根据品牌、产品特点以及目标用户、消费行为习惯等多种因素来选择合适的网络推广平台，从而实现最大收益。

# 任务实训

## 任务实训1　搜索引擎的使用

### 【任务描述】

某服装企业计划进行市场调研，了解服装行业的市场动向、产品信息等情况，增强自身竞争力。利用百度、搜狗、360等搜索引擎对"时尚女装"和"中老年女装"等关键词进行检索，通过分析检索结果为服装企业提供市场调研信息。

### 【任务要求】

1. 要求学生以小组为单位进行实训，利用搜索结果帮助服装企业完成市场调研任务。
2. 认识和了解常用的搜索引擎，掌握搜索引擎的使用方法。
3. 学习和比对各个搜索引擎的收录情况。
4. 了解搜索引擎对网络营销的作用和意义，以及如何有效支持网络营销。

### 【任务分析】

搜索引擎是非常有价值的市场调研工具，通过搜索引擎输入有效关键词，查看搜索结果，便可以方便地了解市场营销的大环境、竞争者的市场动向、产品信息、用户反馈、市场网络、经营状况等公开信息，做到"知彼"，增强自身的竞争力。通过任务实训，既可以使学生掌握搜索引擎的使用方法，又可以理解搜索引擎对企业营销的价值和意义。

## 【任务实施】

1. 打开百度、搜狗、360等搜索引擎对关键词"时尚女装"进行检索，对比其收录相关网页的内容及数量。

2. 掌握搜索设置和高级搜索的方法，观察搜索结果显示的标题、页面摘要、网站链接，同时点击进入网站，记录所看到的内容出现在网页的位置。

3. 进入"百度指数"页面，对关键词"时尚女装"进行检索，记录搜索结果中的趋势研究、需求图谱、人群画像等结果。

4. 利用百度指数，对关键词"中老年女装"进行检索，记录搜索结果中的趋势研究、需求图谱、人群画像等结果。

5. 对百度指数中给出的"时尚女装"和"中老年女装"的搜索结果进行对比，写出200字左右的市场分析报告，为服装企业提供参考数据。

## 【任务总结】

分别针对百度、搜狗、360等搜索引擎的收录情况进行总结，比较各个引擎的特点。说明此结论对我们从事网站推广有何帮助？

## 【任务评价】

对本次工作任务实施情况、完成态度、团队合作进行评价，填写过程评价（表5-1）。

表5-1　任务过程评价表

| 评价项目 | 评价内容 | 分数 | 评价说明 | 自我评价 | 小组评分 | 教师评分 |
|---|---|---|---|---|---|---|
| 任务实施（70分） | 搜索引擎应用 | 10分 | 熟练应用搜索引擎进行关键词搜索 | | | |
| | 搜索设置的应用 | 10分 | 熟练应用搜索设置 | | | |
| | 高级搜索的应用 | 10分 | 熟练应用高级搜索 | | | |
| | 百度指数应用 | 20分 | 熟练应用百度指数进行搜索分析，并对结果进行对比 | | | |
| | 市场调研分析报告 | 20分 | 根据搜索结果撰写分析报告 | | | |
| 工作技能（15分） | 数据搜集 | 5分 | 利用网络搜集整理相关数据 | | | |
| | 数据分析 | 10分 | 根据搜索结果进行分析，撰写符合企业需求的调研报告 | | | |

续表

| 评价项目 | 评价内容 | 分数 | 评价说明 | 自我评价 | 小组评分 | 教师评分 |
|---|---|---|---|---|---|---|
| 职业素养（15分） | 团队协作 | 5分 | 小组协作完成任务的能力 | | | |
| | 沟通表达 | 5分 | 主动提出问题，快捷有效地明确任务需求 | | | |
| | 认真严谨 | 5分 | 完成任务细心，做事严谨 | | | |
| 计分 | | | | | | |
| 总分（按自我评价30%，小组评价30%，教师评价40%计算） | | | | | | |

## 任务实训2  搜索引擎营销

### 【任务描述】

2023年，中央一号文件就推动乡村产业高质量发展在培育乡村新产业新业态方面提出了新要求，强调深入实施"数商兴农"和"互联网＋"农产品出村进城工程。互联网电商、直播电商等数字化商业模式成为赋能乡村振兴的重要方式。以"我为家乡代言"为主题，创建富有家乡特色的农产品网站并进行推广宣传。

### 【任务要求】

1. 要求学生以小组为单位进行实训，建立农产品网站，并进行搜索引擎注册和推广。
2. 了解常用的搜索引擎的基本原理，掌握搜索引擎营销的基本方法。

### 【任务分析】

本任务首先要完成农产品网站的建设。要结合家乡本地特色，明确网站定位，确定网站的目标受众、网站的主题、网站的内容和服务等。只有明确了网站的定位，才能更好地针对目标受众进行营销推广。

其次，在搜索引擎上进行网站注册。可以登录免费的全文检索搜索引擎（如百度等）和分类目录型搜索引擎（如搜狐、新浪等）进行注册。强化搜索引擎营销，采取关键词广告的手段进行营销推广，提高网站的曝光率和点击率。

## 【任务实施】

建立网站。结合家乡本地特色，明确网站定位，确定网站的目标受众、网站的主题、网站的内容和服务等，建立农产品网站。浏览企业网站并提取该网站最相关的 2～3 个核心关键词（比如主要产品名称、企业特色、所在行业等）。

1. 百度账号注册。访问百度站长平台，点击右上角的"立即注册"按钮，填写相关信息并注册一个百度账号。如果已经有百度账号，只需登录即可。

2. 添加网站。登录百度站长平台，点击"添加新网站"按钮。在弹出的对话框中，输入网站域名，并选择网站类型，完成后点击"提交"。

3. 验证网站。在添加网站后，百度站长平台会提供多种验证方式进行网站验证，以确保注册人是网站的所有者，如 HTML 文件验证、META 标签验证、DNS 解析验证等。选择其中一种验证方式，并按照提示操作完成验证。

4. 提交网站地图。在百度站长平台左侧菜单栏中找到"资源管理"，点击"提交链接"。在弹出的页面中，填写你的网站地图地址，并选择其他相关设置，点击"提交链接"按钮完成提交。

5. 优化关键词和描述。在百度站长平台中，编辑网站关键词和描述。点击左侧菜单栏的"站点优化"，然后选择"关键词与描述"。根据网站内容和定位，合理选择关键词和编写描述，以提高网站在搜索结果中的排名。

## 【任务总结】

通过对建立网站、搜索引擎网站注册、关键词提取、站点优化等一系列操作的练习，我们进一步掌握了搜索引擎营销的方法和步骤，助力企业网络营销推广。

## 【任务评价】

对本次工作任务实施情况、完成态度、团队合作进行评价，填写过程评价（表 5-2）。

表 5-2　任务过程评价表

| 评价项目 | 评价内容 | 分数 | 评价说明 | 自我评价 | 小组评分 | 教师评分 |
|---|---|---|---|---|---|---|
| 任务实施（70分） | 网站建设 | 20分 | 熟练应用DW进行简单网站建设 | | | |
| | 网站在搜索引擎中进行注册 | 20分 | 熟练应用搜索引擎进行网站注册 | | | |
| | 优化关键词 | 10分 | 合理提取和确定关键词 | | | |
| | 站点优化 | 20分 | 熟练应用搜索引擎进行站点优化 | | | |

续表

| 评价项目 | 评价内容 | 分数 | 评价说明 | 自我评价 | 小组评分 | 教师评分 |
|---|---|---|---|---|---|---|
| 工作技能（15分） | 网站定位和规划 | 10分 | 结合家乡特色进行网站规划 | | | |
| | 关键词的确定 | 5分 | 根据实际情况和市场调研确定关键词 | | | |
| 职业素养（15分） | 团队协作 | 5分 | 小组协作完成任务的能力 | | | |
| | 沟通表达 | 5分 | 主动提出问题，快捷有效地明确任务需求 | | | |
| | 认真严谨 | 5分 | 完成任务细心，做事严谨 | | | |
| 计分 | | | | | | |
| 总分（按自我评价30%，小组评价30%，教师评价40%计算） | | | | | | |

## 项目练习

### 一、判断题（正确的打"√"，错误的打"×"）

1. 网站拥有者主动向搜索引擎提交网址，就会被搜索引擎收入数据库，只是时间问题。（　）

2. 一个好的 META 标签设计可以大大提高你的个人网站被搜索到的可能性，但对目录索引搜索引擎无效。（　）

3. 搜索引擎自动登录软件比手工登录效果好。（　）

4. 信息自动发布软件只能是信息发布的辅助工具。（　）

5. 主流 B2C 平台主要有阿里巴巴国际站、敦煌网、中国制造网等。（　）

6. B2B2C 模式是一种新型的跨境电商模式，是 B2C 的一种延伸。（　）

7. eBay 平台比较偏向于卖家，买家售后问题很难。（　）

### 二、问答题

1. 搜索引擎的分类有哪些？列举三个使用搜索引擎的应用场景。

2. 结合自己的学习体会，谈一下搜索引擎工具的重要性。

3. 网盟推广与搜索推广的区别在哪里？

4. 网盟推广与移动互联推广的区别在哪里？

5. 企业自建网站的功能有哪些？

6.跨境平台营销推广的方法有哪些？

## 项目小结

　　了解搜索引擎的工作原理对我们日常搜索应用和网站登录注册推广都有很大帮助。搜索引擎营销就是人们使用搜索引擎方式将用户检索的信息尽可能传递给目标用户；或者，搜索引擎营销就是基于搜索引擎平台的网络营销，利用人们对搜索引擎的依赖和使用习惯，将人们检索的信息传递给目标用户。

　　网盟推广是搜索引擎营销的延伸和补充，是通过聚集海量的网站媒体，在互联网渠道组成的一个联盟，再根据广告客户的需求，在联盟网站中以动画、图片、文字等表现形式，进行广告投放的一种网络推广方式。通过本项目学习，重点掌握网站营销推广的各种方法，熟悉各种推广的整合应用。

　　企业在推广的过程中，一般会采取各种平台相结合的方式，企业自建网站有助于推广 企业品牌，而第三方平台流量较多，可以带动更多的销售，通过对移动端的推广，更加符合现代人的需求。在开拓国际市场的过程中，需要更多地了解跨境电商平台，以此开拓更广阔的市场。

# 项目六　网络营销方案策划

## 项目引言

　　企业、组织、政府部门或机关、个人在以网络为工具的系统性的经营活动之前，根据自身的需求、目标定制个性化的高性价比的网络营销方案。网络营销方案是指具有电子商务网络营销的专业知识，可以为传统企业或网络企业提供网络营销项目策划咨询、网络营销策略方法、电子商务实施步骤等服务建议和方案，或代为施行以求达到预期目的人进行的一种网络商务活动的计划书。我们将从网络产品营销方案策划和网络推广营销方案策划两个任务进行探索和理解。

## 项目目标

学习目标：

1. 了解网络营销产品策划的概念、原则；

2. 熟悉网络推广策划的含义、实施步骤和理论；

3. 掌握网络营销策划方案的撰写方法；

4. 能够撰写网络产品营销策划方案；

5. 能够撰写网络推广策划书。

素质目标：

1. 培养学生战略性、全局性及前瞻性；

2. 数字中国为目标，具备网络营销策划的广阔视野；

3. 激发学生的创新性。

## 知识导图

网络营销方案策划
- 网络产品营销方案策划
  - 网络产品营销方案策划概述
  - 网络产品营销方案策划实施
  - 网络产品营销策划书的撰写
- 网络推广营销方案策划
  - 网络推广
  - 网络推广方案实施
  - 网络推广方案策划书

## 案例导入

### 东方甄选品牌营销案例分析

东方甄选是新东方旗下的带货新平台，于2021年年底首次以"东方甄选"账号在抖音平台开播，但一直收效甚微。直到2022年6月一夜爆火，直播界热度高涨。

**一、东方甄选一夜爆火的原因**

情绪共振＋算法解决触达：东方甄选的主播之前都是老师，善于把教学特长用于直播，英语、地理、历史等趣味知识结合带货内容，有趣的形式增长了用户在直播间的停留时间（从平台算法角度，直播间容易得到更多流量倾斜）。

平台选择：抖音平台本身就拥有足够多的优质年轻群体，在短视频平台寻求知识、短暂放松寻求治愈，这群人有文化，也对才华和文化有足够的审美。

内容＋时机：头部带货主播真空，平台需要流量带货主播，2022年"618"头部主播缺席的情况下，加之"知识带货"本身内容的稀缺性，它自然地受到了平台和用户的喜爱，再加上明星主播的带动，火速出圈。

**二、潜在问题**

1.选品、品控和售后：和其他的带货直播一样，东方甄选只参与了"卖"这个过程，它没有自己的生产链，也就是说，选品、品控和售后是一大问题。

2.主播"后继无人"。

**三、解决对策**

1.拓展种类，建造自己的生产链；

2. 坚持情绪价值这条路；

3. 加强对核心带货主播和新主播的培养。

资料来源：小红书:《网络营销 week7/ 东方甄选》

案例分析：随着互联网的发展，网络营销成为企业重要的营销方式之一，而营销成功的关键在于营销策划的成功。根据具体情况不同，网络营销策划大致可以分为两种情况：一种是单独对一个或几个方面的内容进行策划，如网络产品策划、网络推广策划等；另一种是系统、大规模地将企业网络营销行为进行统一规划，即整体网络营销策划。上述案例中，东方甄选取得成功的关键就在于在分析市场环境的基础上，对该产品进行了网络营销策划，并选择正确的网络推广渠道。本章将从网络产品营销策划和网络推广策划两个角度出发，详细阐述网络营销策划的步骤和主要内容，以及应如何写好规范的策划文案。

# 知识单元1　网络产品营销方案策划

## 单元导读

随着网络技术发展和其他科学技术的进步，将有越来越多的产品在网上销售。在网络营销中产品分为多个层次，比如核心利益层次，是指产品能够提供给消费者的基本效用或益处，是消费者真正要购买的基本效用或益处。第二有形产品是指产品在市场上出现时的具体物质形态，期望产品即代表以顾客为主导地位，而延伸产品层次是指产品的增值服务。无论处于哪个层次，网络产品营销方案策划都是保障营销效果的基本，该如何策划和设计营销方案，才能将策划作用最大化？

## 知识学习

### 一、网络产品营销方案策划概述

#### 1. 网络产品营销方案策划的含义

所谓策划，是指对未来将要发生的事情所做的当前决策，即预先决定做什么、何时做、何地做、何人做、如何做的问题。

网络产品营销策划是遵循营销策划的一般原理、法则和技巧，再结合现代营销新环境、新理论、新规划和新策略，抓住围绕消费者行为变化而出现的新特点所进行的符合网络经济特点的营销策划。

### 2. 网络产品营销方案策划的作用

一般来说，企业网络营销策划的作用有以下四个方面：

（1）强化网络营销目标。

企业通过网络营销策划，可以确立明确的网络营销目标。

（2）提高网络营销活动的计划性。

策划为企业的网络营销活动提供了纲领和指南，确立了未来的网络营销行动方案，使未来各项网络营销活动有计划、有步骤、有方法地进行，保证各项工作有章可循、有条不紊。

（3）提供新观念、新思路、新方法。

在策划时，要对已掌握的情况进行判断分析，为了找到解决问题的方案，要进行充分的创造性思维，从而产生很多新观念、新思路、新方法。网络营销策划要求企业切实树立以消费者为中心的思想，从消费者的角度出发，由外而内地重新设计网络企业与消费者的互动关系，形成消费者参与及互动合作的新理念和新的运作方式。

（4）降低成本。

网络营销策划对未来的网络营销活动进行了周密的费用预算，并对费用的支出进行了最优化的组合安排，使企业可以用较少的费用支出取得较好的营销效果。

### 3. 网络产品营销方案策划的原则

网络产品营销策划一般应坚持下列四项原则。

（1）真实性原则。

所谓真实性原则，在其反面意义上，是指策划不能弄虚作假；在其正面意义上，是指策划中应该主张诚恳信任。所以，我们将真实性作为网络营销策划及网络广告策划的第一原则。

（2）针对性原则。

针对性原则有两重含义：一是针对性商品；二是针对性市场。针对性商品是指在充分研究商品的基础上，抓准商品最令人心动的特长。针对性市场是指充分研究潜在顾客层及其消费心理，通过网络实现较为到位的针对性。例如，现有的 Web 技术使得特定的网络可以按照受众群体所在行业、居住地点、用户兴趣、消费习惯、操作系统和浏览器类型来进行选择，在尽量缩减投入的同时，切实提高效率。

（3）亲近性原则。

策划的亲近性原则，是指策划应该力求贴近消费者，将亲近、坦诚、友好、轻松的态度贯彻到全部行动中来，加强对消费者的感染力和亲和力，在亲密无间的情感氛围里融化到消费者心中。例如，康柏电脑在互联网上发布横幅广告，逢新产品上市就打出标题"它还没有改变你的生活吗"，下面再设计系列问题，访问者只要按下鼠标，就能得到更多极富吸引力的信息。网络作为互动广告，更需具有强大的亲和力，才能引起人们的兴趣。因此，网络营销策划更要讲究亲近性。

（4）效益性原则。

策划的效益性原则就是要注意省钱。省钱不是不花钱，也不是少花钱，而是在取得尽可能大的效果的前提下，尽量少花钱。人们的一切活动，包括一切策划活动，实质就是在谋求效益。没有效益，就不可能有策划的动机。也就是说，在确定策划目标时，效益性原则就在起作用，而在整个策划形成过程中，效益性原则依然在起作用，使策划创意灵感的产生及策划涉及的各要素的产生，均融入"效益"这一必不可少的思维信息。

## 二、网络产品营销方案策划实施

网络产品营销方案策划是一项逻辑性很强的工作，在实施营销活动之前，要对每一个环节进行周密的考虑和细致的安排。

### 1. 确定网络产品策划目的

策划目的部分要对本次网络营销策划所要实现的目标进行全面的描述。既然投入大量的人力、物力和财力进行营销策划，就要解决一定的问题。通常，企业通过网络产品营销策划，可解决下面一些问题：

第一，产品尚未上市，尚无一套系统的营销方案，因而需要根据市场的特点，策划出一套可行的网络产品营销方案。

第二，企业经营方向改变与调整，需要相应地调整网络产品营销策略。

第三，企业原网络产品营销方案严重失误，需要对原方案进行重大修改或重新设计网络产品营销方案。

第四，随着市场行情发生变化，原来的网络产品营销方案已不能适应变化后的市场。

### 2. 网络产品 SWOT 分析

SWOT 分析是根据企业自身的一些基本条件，来确定企业自身的竞争优势、竞争劣势、机会和威胁，从而结合企业内部资源和外部环境来判断公司战略或用于产品分析。SWOT 含义：S 指 Strength（优势），内部因素，如充足的资金、有影响力的品牌或公司形象、市场份额、技术力量等；W 指 Weakness（劣势），内部因素，如缺失人才、时间紧迫、资金缺口大等；O 指 Opportunity（机会），外部因素，如发现市场空白点、竞争对手失误等；T 指 Threat（威胁），外部因素，如出现新的竞争对手或者替代产品、目标用户流失、政策风险等。根据以上四点，按照优先级或紧迫度分别列出符合条件的事实，便可以构建出一个通用的 SWOT 矩阵或者模型。

### 3. 选择需要网络策划的产品

产品是网络营销中最重要、最基本的因素，企业在进行网络产品营销策划时，首先必须决定发展什么样的产品来满足目标市场需求。一般而言，产品策划选择分为以下三种类型：

（1）单一产品策划。网络单一产品策划包括产品质量、包装、服务三方面的策划。具体而言，产品的质量策划是指产品适应社会生产和生活消费需要而具备的特性，它是产品使用价值的具体体现，包括产品内在质量和外观质量两个方面。包装则在整体产品中占有重要位置，通常是指产品的容器或包装物及其设计装潢。产品包装一般分为三个层次：第一，内包装，是指产品的直接容器或包装物，如牙膏皮、饮料瓶等；第二，中层包装，是指内包装的包装物，因此又称为间接包装，如护肤品的包装纸盒；第三，存储运输包装，是指为了便于存储、运输以及识别，在中层包装外的包装，如装运香烟的纸箱、整箱汽车包装纸盒等。产品服务过程包括售前服务、售中服务和售后服务。售前服务是指产品销售之前向顾客提供的服务，如提供样品、图片以及激发顾客购买欲望，强化顾客购买动机；售中服务是指产品在销售过程中提供的服务，如热情接待、为顾客精心挑选产品、解决顾客提出的有关产品的各种疑虑等；售后服务是指产品售出后向消费者提供的服务，如送货上门、安装、实行"三包"等，解除顾客的后顾之忧，提高顾客满意度，促进其重复购买。

（2）组合产品策划。产品组合策划是指企业根据其经营目标、自身实力、市场状况和竞争态势，对产品组合的广度、深度和关联度进行不同的结合。在网络营销中，确定经营哪些产品或服务，明确产品之间的相互关系，是企业产品组合策划的主要内容。

①扩大产品组合。扩大产品组合指扩展产品组合的广度和深度，增加产品系列或项目，扩大经营范围，以满足市场需要。

②缩减产品组合。缩减产品组合指降低产品组合的广度和深度，集中力量经营一个系列的产品或少数产品项目，提高专业化水平。

③产品延伸。产品延伸指全部或部分地改变企业原有产品的市场定位。具体做法有向上延伸（由原来经营低档产品改为增加经营高档产品）、向下延伸（由原来经营高档产

品改为增加经营低档产品）和双向延伸（由原经营中档产品改为增加经营高档和低档产品）三种。

（3）新产品策划。新产品是指对产品整体概念中的任何一部分进行变革或创新，并能给消费者带来新的利益和满足的产品。新产品策划是使企业开发的新产品与消费者的需求进行动态适应的市场开发过程。新产品推广策划包括以下几个步骤：确定新产品推广的目标受众，建立独特的产品形象；选择恰当的推广时机，进行强大的宣传造势；运用有效的促销手段，建立顺畅的产品通路；进行科学的计划和管理，最后采取科学的推广策略。

**思考探索**

IBM公司将个人计算机业务卖给联想集团，在产品组合策略中这属于哪个策略？

### 4. 制定策划方案

编写策划方案的过程，实际上与策划的过程是重叠的。策划方案不可能凭空而来，也不可能一挥而就。随着策划人在市场调查与研究的基础上，对最初的策划不断进行修改、完善，策划方案也逐渐成形，逐渐接近它的最终形式。因此，可以说策划的全过程就是针对公司营销中存在的问题和所发现的市场机会，提出具体解决问题的战略方案和战术性方案，并实施日程设计的过程。

### 5. 费用预算

用于策划的费用，主要有市场调研费、信息收集费、人力投入费、策划报酬等。

（1）市场调研费。市场调研费的多少取决于调研规模的大小和难易程度，规模大、难度大，费用必然高；反之费用则低。

（2）信息收集费。信息收集费主要包括信息检索费、资料购置费、复印费、信息咨询费、信息处理费等。其数量由收集规模来决定。

（3）人力投入费。策划过程中要投入必要的人力，其费用多少可以通过预计投入人力的多少来决定。

（4）策划报酬。支付给策划人的报酬，如果由公司内部人员来策划，就没有这笔开销。如果是外聘策划专家，就要支付策划报酬，其数额多少由双方协商而定。

### 6. 效果评估

策划方案实施后，就应对其效果进行跟踪测评，测评的形式主要有以下两种。

（1）进行性测评：其指在方案实施过程中进行的阶段性测评，目的是了解前一阶段方案实施的效果，并为下一阶段更好地实施方案提供一些建议和指导。

（2）终结性测评：其指在方案实施完结后进行的总结性测评，目的是了解整个方案的实施效果，为以后制定营销方案提供依据。

## 三、网络产品营销策划书的撰写

网络产品营销策划书是网络产品营销策划成果的文字形式，是未来企业网络营销操作的全部依据。有了一流的策划，还要形成一流的策划书，用它去指导企业的行动，否则会影响策划实施的效果。一般来说，网络营销策划书的格式应包含以下几项内容。

### 1. 封面

封面的构成要素应该包括呈报对象、文件种类、网络产品营销策划名称及副标题、策划者姓名及简介、所属部门、呈报日期、编号及总页数。其中，网络产品营销策划名称要尽量简洁明了，但必须具体全面。如果标题不足以说明问题，还可以加上副标题。

### 2. 目录

除非策划书的页数很少，否则千万不要省略目录页的内容，因为目录可以让读者对策划书有个概括的了解。在目录中应该有主标题、副标题、附件或资料及以上内容的页码。

### 3. 前言及策划摘要

在前言中应清楚地表述所阐述的重点问题，具体内容包括策划的目的及意义、策划书所展现的内容、希望达到的效果及相关内容、致谢等。摘要一般要阐明策划书所有内容的重点及核心构想或策划的独到之处，用词应简练，篇幅要短，让人容易把握策划书的整体内容。

### 4. 正文部分

正文部分即策划内容的详细说明。表现方式要简单明了，要充分考虑委托人的理解力和习惯。这部分不仅可用文字来表述，也可以适当地加入图片、统计图表等。策划书的正文主要包括执行什么策划方案、谁执行策划方案、为什么执行策划方案、在何处执行策划方案、何时执行策划方案、如何执行策划方案以及要有看得见的结论和效果。这是策划书最主要的部分，包括以下几个方面。

（1）企业现状及网络营销环境状况分析，包括企业现状分析、消费者分析、网上竞争对手分析及宏观环境分析。

（2）网络营销市场机会与问题分析。对企业当前网络营销状况进行具体分析，找出企业网络营销中存在的具体问题，并分析其原因。针对企业产品的特点分析其上网营销的优劣势。从问题中找劣势予以克服，从优势中找机会，发掘其市场潜力。

（3）营销目标从阶段上分为短期目标、中期目标和长期目标。一般的企业里，短期目标是指企业在 1 年内要达到的营销目标；中期目标一般是指 2 ~ 5 年的营销目标；长期目标是更长远的目标。营销目标是企业战略目标的具体表现，有很多具体的指标，如利润、销售额、成长率、销售增长额、市场份额（市场占有率）、品牌价值等。目标制订要求：具象、可执行、量化、可实现、相互协调。

（4）网络营销战略，其包括网站策略、产品策略、价格策略、渠道策略、促销策略、客户关系管理策略等。

（5）具体行动方案。根据策划期内时间段的特点，推出各项具体行动方案。行动方案要细致、周密、操作性强且具有灵活性，还要考虑费用支出。

（6）策划方案各项费用预算。这部分记载的是整个网络产品营销方案在推进过程中的费用投入，包括网络营销过程的总费用、阶段费用、项目费用等，其原则是以较少投入获得最优效果。费用预算直接涉及企业资金支出情况，对网络营销方案的实施有很大影响，所以费用预算部分应当列得很详细，以便决策层对此有充分了解和准备。

（7）方案调整。在方案执行中可能出现与现实情况不相适应的地方，因此方案贯彻必须随时根据市场的反馈及时对方案进行调整。

（8）预期收益及风险评估。对方案何时产生收益、产生多少收益及方案有效收益期的长短等进行评估。另外，内外部环境的变化，不可避免地会给方案的执行带来一些风险。因此，应说明失败的概率是多少，造成的损失是否会危及企业的生存、是否有应变措施等。

### 5. 参考资料

列出完成本策划方案的参考文献，以增强可信度。

### 6. 注意事项

列出保证策划方案顺利推行应具备的条件。

## 知识单元2　网络推广营销方案策划

### 单元导读

网络营销推广是以当今互联网为媒介的一种推广方式，是在网上把自己的产品或者服务利用网络手段与媒介推广出去。网络营销推广使自己的企业能获得更高的利益。网络营销推广撰写要求跟一般的实体营销推广有所不同，尽管当中还存在着很多共性，但网络特性是网络营销员需要掌握的。网络推广营销方案有什么特性？如何策划和实施？

### 知识学习

#### 一、网络推广

##### 1. 网络推广的含义

网络推广从广义上讲，企业从开始申请域名、租用空间、建立网站就算是介入了网络推广活动。从狭义上讲，网络推广的载体是互联网，离开了互联网的推广就不能算是网络推广。与网络推广相近的概念有网络营销（搜索引擎营销、邮件营销、论坛营销等）、网站推广、网络广告等。其中，网络营销偏重营销层面，而网络推广重在推广，网络广告则是网络推广所采用的一种手段。

网络推广营销方案策划是通过研究网络推广的方法，制订出一套适合宣传和推广商品、服务甚至人的方案，而其中的媒介就是网络。被推广对象可以是企业、产品、政府以及个人等。

##### 2. 网络推广的分类

（1）按范围分。

网络推广按范围可以分为以下两类：

①对外推广。顾名思义，对外推广是指针对站外潜在用户的推广。主要是通过一系列手段针对潜在用户进行营销推广，以达到增加网站PV（Page View，页面浏览量）、会员数或收入的目的。

②对内推广。和对外推广相反，对内推广是专门针对网站内部的推广。例如，如何增加用户浏览频率、如何激活流失用户、如何增加频道之间的互动等。很多人忽略了对

内推广的重要性，其实如果对内推广使用得当，效果不比对外推广差，毕竟在现有用户基础上进行二次开发，要比开发新用户容易得多、投入也会少很多。

（2）按投入分。

网络推广按投入可以分为以下两类：

①付费推广。付费推广就是需要花钱才能进行的推广。例如，各种网络付费广告、杂志广告、CPM（Cost Per Mille，千人成本）、CPC（Cost Per Click，每点击成本）等。在做付费推广时，一定要考虑性价比，即使有钱也不能乱花，要让钱花出效果。

②免费推广。这里所说的免费推广是指在不用额外付费的情况下就能进行的推广。这样的方法很多，如论坛推广、资源互换、软文推广、邮件群发等。随着竞争的加剧、成本的提高，各大网站都开始倾向于此种方式了。

（3）按渠道分。

网络推广按渠道可以分为以下两类：

①线上推广。线上推广指基于互联网的推广方式，如网络广告、论坛群发等。现在越来越多的传统企业都开始认可线上推广这种方式了，与传统方式比，其性价比非常有优势。

②线下推广。线下推广指通过非互联网渠道进行的推广。例如，地面活动、户外广告等。由于是以增加用户黏性为主，如果是为了提升 PV 等，效果不一定很好，要慎重考虑。

（4）按手段分。

网络推广按手段可以分为以下两类：

①常规手段。常规手段是指一些良性的、非常友好的推广方式。例如，正常的广告、软文等。不过随着竞争的加剧，这种方式的效果越来越不明显了，通常需要开发新的方法，或是在细节上下功夫才能达到更好的效果。

②非常规手段。非常规手段是指一些恶性的、非常不友好的方式。例如，群发邮件、骗点、恶意网页代码，甚至在软件里插入病毒等。虽然这种方法效果较好，但不建议使用。

### 3. 网络推广的方案

（1）网站推广。

网站推广的目的在于让尽可能多的潜在用户了解并访问网站，从而利用网站实现向用户传递营销信息的目的，用户通过网站获得有关产品和服务等信息，为最终形成购买决策提供支持。一般来说，除了大型网站，如提供各种网络信息和服务的门户网站、搜索引擎、免费邮箱服务商等网站外，一般的企业网站和其他中小型网站的访问量通常都不高，有些企业网站虽然经过精心策划设计，但在发布几年之后，访问量仍然非常小，每天可能只有区区数人，这样的网站自然很难发挥其作用。因此，网站推广被认为是网络营销的主要任务之一，是网络营销工作的基础，尤其对于中小型企业网站来说，用户了解企业的渠道比较少，网站推广的效果在很大程度上决定了网络营销的最终效果。

（2）搜索引擎营销推广。

搜索引擎营销推广是根据用户使用搜索引擎的方式，利用用户检索信息的机会尽可能地将营销信息传递给目标用户。基本思想是让用户发现信息，并通过点击进入网站／网页进一步了解他所需要的信息。在介绍搜索引擎策略时，一般认为，搜索引擎优化设计主要目标有两个层次：一是被搜索引擎收录；二是在搜索结果中排名靠前。这已经是常识问题，多数网络营销人员和专业服务商对搜索引擎的目标设定也基本处于这个水平。但从目前的实际情况来看，仅仅做到被搜索引擎收录并且在搜索结果中排名靠前还很不够，因为取得这样的效果实际上并不一定能增加用户的点击率，更不能保证将访问者转化为顾客或者潜在顾客，因此这只能说是搜索引擎营销策略中两个最基本的目标。

搜索引擎营销推广包括分类目录登录、搜索引擎登录、付费搜索引擎广告、关键词广告、搜索引擎优化（搜索引擎自然排名）、地址栏搜索、网站链接策略等。

（3）网络广告推广。

有很多大公司、企业自己拥有网站，但它们并不是主要推广自己的网站，而是在某些大型的网站（如新浪、搜狐、腾讯等）放上自己的广告，将自己的产品或服务展现给大众，以推广自己的产品或服务。

网络广告是常用的网络营销策略之一。在这里，我们可以把网络广告的营销价值分为6个方面：品牌推广、网站推广、销售促进、在线调研、顾客关系以及信息发布。

网络广告主要有以下5种投放形式：

①横幅式广告，又名"旗帜广告"，是最常用的广告方式。通常以Flash、GIF、JPG等格式定位在网页中，同时还可使用java等语言使其产生交互性，用Shockwave等插件工具增强其表现力。

②按钮式广告，以按钮形式定位在网页中，比横幅式广告尺寸小，表现手法也较简单。

③邮件列表广告，又名"直邮广告"，利用网站电子刊物服务中的电子邮件列表，将广告加在每天读者所订阅的刊物中发放给相应的邮箱所属人。

④电子邮件式广告，以电子邮件的方式免费发送给用户，在邮件服务的网站上常用。

⑤竞赛和推广式广告，广告主可以与网站一起合办他们感兴趣的网上竞赛或网上推广活动。

## 二、网络推广方案实施

网络推广方案实施是一项系统的工程，每一个环节都要进行精心设计才能达到预期效果，具体可以分为以下6个步骤。

### 1. 明确网络推广目标

网络推广方案实施的第一步是要确定网络推广的目标。企业应结合自己的实际情况，以及根据网站发展情况和项目整体进度要求，设定合理的推广目标，目标应该由多个参数组成，如独立IP达到多少、PV达到多少、有多少注册用户等，根据不同行业及类型或有所不同。

### 2. 确定网络推广对象

只有知道推广的对象是谁，才能有针对性地制订具体的推广方案。不同的推广对象有不同的思维方式和购物习惯，因此一定要尽可能详细地分析目标人群的性别、数量、年龄、上网时间、上网习惯等一系列与目标人群有关的信息，根据目标人群的各种行为习惯来制订网站推广的策略和方法。

### 3. 选择网络推广工具

根据收集资料分析、确定网络推广方法及策略，详细列出将使用哪些网络推广方法，如新闻软文推广、搜索引擎推广、微博推广、博客推广、邮件群发、论坛社发帖、活动推广、网络广告投放等，对每一种网络推广方法的优劣及效果等做分析。当然，对于每种方法可以分别策划方案，如自己企业没有媒体资源和专业的策划撰稿，可在新闻软文传播方面找一家文化公司外包。

### 4. 网络推广经费预算

网络推广方案的实施，必然会有广告预算，要通过规划控制让广告费用发挥最大的网络推广效果，定期分析优化账户结构，减少资金浪费，让推广的效果达到最大化。另外，在企业里做推广，也要精打细算，学会给企业省钱，例如优化咨询、危机公关处理办法，自己人执行就行了，不会增加开支。

### 5. 实施网络推广

好的方案还要有好的执行团队，依据方案制作详细的计划进度表，控制方案执行的进程，对推广活动进行详细罗列，安排具体的人员来负责落实，确保方案得到有效的执行。

### 6. 网络推广效果评估

安装监控工具，对数据来源、点击等进行监测跟踪，帮助企业及时调整推广的策略，并对每一阶段进行效果评估。这里说明一点，针对销售的推广，如竞价账户，很容易算出投入产出比，但是针对品牌和口碑的推广则不好判断，但是可以从创意的质量、网络表现来定性评估。

> **思考探索**
>
> 网络推广方案如何设计？

## 三、网络推广方案策划书

以"潍坊农家汇"网络营销推广策划方案为例。

### 1. 方案概述

本方案通过在网上开设名为"潍坊农家汇"的淘宝店铺，销售公司生产的"绿色生态"特色农产品。在分析整个市场的环境和自身 SWOT 的基础上，"潍坊农家汇"发现自身在生产地和资源上有着得天独厚的优势，因此"潍坊农家汇"打出"绿色生态"的特色在站内站外进行推广，通过开展线上活动和在线下做活动打造名声。通过这样一系列的推广活动，"潍坊农家汇"每天的客流量和订单数慢慢呈上升趋势。在店铺有稳定客流的情况下，团队对店铺进行了系统性的优化，使得网店更加具有特色，店内订单又呈现一个上升的趋势。在经营的第二个月，"潍坊农家汇"成功开展天天特价的活动，使"双峰"这个品牌为更多消费人群所知道。

### 2. 网络营销战略规划

（1）产品市场定位。

"潍坊农家汇"自身具有一定的自然地理优势，因此其策划方案以绿色生态农产品为切入点，凸显纯天然无公害产品的优势，以倒蒸香薯干为主打产品，搭配销售煎饼、小米等农产品。

目标顾客群定位为大众城市人群，这也是当代网购人群中的主力。现在城市人都注重健康养生，"潍坊农家汇"通过对消费者的消费需求和消费心理进行分析，在不破坏农产品的营养价值的前提下推出了礼盒装和散装包装的农产品，满足了更多城市人群的消费需求。利用生产优势、产品特点和树立品牌吸引消费者，在一些农产品口味上迎合了广大消费者，解决了当地农产品销售难的问题。

（2）竞争者对手分析

在整个坚果行业和香薯干细分市场中，以目前网络销售标杆企业进行市场定位及"4P"营销策略剖析（表6-1），从而为方案开展提供发展战略思路。

表 6-1　行业主要竞争对手分析

| 品牌<br>项目 | 潍坊香薯干 |
| --- | --- |
| 消费人群定位 | 喜欢购买香薯干的人群 |
| 产品 | 主要销售香薯干，以良好的产品留住在店铺内购买的顾客 |
| 价格 | 中等 |
| 渠道 | 店铺多选址于商业区周边人流比较大的地方，而且网络销售做得有声有色 |
| 促销 | 根据主题活动定期推出满送现金券、礼品券、以旧换新券等优惠活动 |

通过对竞争对手的分析，我们可以看出：坚果行业的市场竞争日益激烈。因此，"潍坊农家汇"将人群定位为注重健康养生、关注生态农产品的人群。价格实惠，并将生态旅游和产品销售相结合，打造不一样的线上"潍坊农家汇"，这也成为"潍坊农家汇"最具有特色的一大亮点。

（3）网店SWOT分析。

在上述市场分析的基础上，我们通过实地调研、现场访谈等方式收集整理资料，用SWOT分析方法对"潍坊农家汇"进行剖析。

①优势：拥有原生态的农产品生产地，产品绿色原生态；农产品丰富，分坚果、粮谷等系类；有稳定的客户人群和优秀的企业口碑；拥有丰富的种植经验和优秀的生产经验。

②劣势：部分商品受季节的限制；难以接受大客户批发，定制难度大；部分商品保质期较短；农产品库存的储备量不足；相较而言，潍坊香薯干，品牌知名度不高；礼盒装成本高，香薯干价格偏高。

③机遇：网络市场大，客户资源多，有利于突破全国传统市场，拓展销售市场；公司注重网络营销团队的建设，投入大量资金，形成强大的网络营销体系；当地正在发展旅游业，可以带动产业销售。

④威胁：来自其他竞争者的威胁，且自身价格、知名度都有所不及；同行产品储备丰富，支持大量的销售，形成行业的竞争。

综合上述分析，"潍坊农家汇"虽然是一个新的淘宝店铺，但是店铺发展的前景很大，这就要求团队要抓住这些机遇，迎接各种威胁的到来，制定好战略，这样才能在淘宝这个大平台中脱颖而出。而淘宝中"村淘"的发展，对"潍坊农家汇"无疑是一个契机。

（4）网络营销策略。

①产品（Product）策略：店铺以香薯干为主打产品，其他产品搭配进行销售，推出三种款式针对不同人群进行销售。

第一，礼盒装产品。针对人们逢年过节的送礼需要，包装精美大气。

第二，散装类产品。满足人群自己购买食用，价格相对较礼盒装会低很多。

第三，人气款产品。此款产品不求利润，只为提升人气和店铺信誉。

②价格（Price）策略：产品分为三个层次的价格进行销售，满足不同人群的需求。店铺经营初期以低价销售开拓市场，产品以引流、利润、活动款划分，后来逐步打造品牌，提高销售价格。

③促销（Promotion）策略：运费优惠，大部分地区包邮，偏远地区满28元包邮。部分农产品的物流成本高，以局部包邮、部分地区满金额包邮的方式增加商品的吸引力，吸引消费者消费；灵活定价，在节假日或特殊节日时进行一系列的优惠活动，或者推出店庆等自定义活动；积极响应淘宝平台活动，如"双十一""双十二"大型促销活动，在商品促销上加大力度，掌控主控权，扩大优势。

④渠道（Place）策略：

a.采用线上线下相结合的销售渠道，全面发展淘宝线上网络分销商，扩大销售面，同时积极寻找线下实体零售合作伙伴，发展线下实体销售；

b.利用微博、QQ、微信等站内外推广来发布促销信息，提升销售量；

c.寻找战略合作伙伴，可以是同类产品或互补产品，互相把对方的链接放在自己的店铺里共享流量；

d.做消费者的售后回馈，让更多第一次来的顾客成为店铺稳定的消费者，第二次购买时给予一定的优惠；

e.线下做大型的促销活动，以扩大品牌的知名度，吸引食品企业进行项目合作，打开更多的销售渠道。

### 3. 网店优化

不论网站优化、淘宝店铺优化还是软件结构优化，最终都是围绕"用户体验"。店铺从以下3点来改善：一是店铺本身；二是产品自身；三是搜索。围绕用户体验，按照淘宝搜索规则不断优化，为后期的活动推广打下良好的基础。

（1）店铺优化。

店铺优化从店铺装修开始，需要从店铺色彩、产品特色、活动主题等方面制定装修方案。同时完善导航和产品分类，并结合产品原产地周围特色的美好风景等，着重介绍店铺。

①店铺装修。

以白色做底，轮播中是店铺活动以及产地美好的风景，给人一种置身大自然的清爽自然的感觉，每一款特色产品的背景都是店铺准备好的精美图片，美丽的风景和商品和谐地融合在一起，让顾客们更能体会到店铺和产品的特色。

②店铺导航。

店铺导航所选颜色与白色底色浑然天成，让人如置身于水墨山水之间。精确的分类也使得顾客的操作更加便捷，为不同需求的顾客也设置了不同的包装和组合。

③客服服务。

按照岗位分工，添加了不同的旺旺子账号，方便客户选择咨询，做好客户分流工作。同时客服服务的位置放置也很重要，一般在产品展示下面，让客户先期对产品有一个总体的认识，产生购物需求，进行引导咨询服务。有严格的值班表格，团队中的各位成员都接受过专业的培训，为客户答疑解惑，保证了客户可以享用高速优质的客服服务。

④店铺活动。

每当店铺推出活动，新老顾客就可以很方便地在里面查找，不论是优惠券还是其他优惠，都可以在里面找到（图6-1）。

充值购物金立享折上折　　20元会员券　　会员券满900减100　　传奇/元老会员券
满1500减300

**图6-1　店铺优惠券**

⑤礼盒。

为引导顾客消费，公司为一些有特殊需要的顾客推出了特殊包装，如礼盒装。因为公司的特色产品有时会被顾客们拿去送礼而不是自己享用，所以为送礼而推出的套餐和包装都可以在这个栏目下轻易地找到。

（2）产品页面优化。

我们主要从产品价格、标题和属性、主图、详情页等方面进行产品的优化。

①产品价格设置。

前期的产品定价总体偏低，产品分成引流款、活动款、利润款（表6-2）。同时产品的定价还考虑到优惠券设置、包邮等活动，留有一定的空间，保证利润。

表6-2　不同功能产品价格设置示意

| 产品类型 | 详述 |
| --- | --- |
| 引流款 | 引流款选取散装的特级香薯干，参考市场同类产品定价，适当偏低，通过有效推广引流，带动店铺其他产品销售 |
| 活动款 | 活动款定价一般比正常高10%~20%，可以设置打折促销活动，后期可以参加无线手机团，按原价再次打折，满足活动要求 |
| 利润款 | 利润款属于店铺其他产品，有一定的销售，可以通过上述产品的引流带动销售，特别是将一些差异化的产品作为利润款的首选 |

②标题和属性优化。

标题和属性直接与客户搜索相关联，是重要的自然搜索流量，参考同类产品，分析生意参谋及阿里指数热门搜索词，结合产品自身特点进行优化，每种产品形成自身特点，培育不同的关键词（坚果、香薯干、干果零食、山东特产等），覆盖一定客户群体（表6-3）。属性词会被搜索抓取，其与标题关键词不能相互冲突，应尽量保持一致。属性词同时也是被客户筛选的词，所以客户重点关注的属性选择很重要。

表6-3　标题和属性优化示意

| 优化项目 | 举例 |
| --- | --- |
| 标题优化 | 热门关键词（坚果、香薯干），属性关键词（新货、散装称重、果脯、干果零食、特产） |
| 属性优化 | 香薯干（干果零食、特级） |

③主图优化。

主图是搜索结果页面展示图，直接影响客户的点击，从图片拍摄开始，一般选取原图或浅色背景，设计既要体现实物特征，又要附有创意，增强吸引力。如图6-2所示，我们将200 g散装香薯干打造成店铺主打爆款，在进行主图优化时，可以从精心拍摄产品，增加品牌Logo，包装图片展示，适当加入产品卖点和特色文字等方面入手。

（1）选取精心拍摄的产品
（2）增加品牌Logo
（3）配上精美的包装图片
（4）增加产品卖点和特色文字（此款为店铺主打的爆款主图）

图6-2　50 g散装香薯干主图优化示意

④详情页排版。

根据客户的浏览习惯，始终以增强客户体验度为宗旨优化宝贝详情页。从上到下分别是宝贝详情中的各项属性、产品的产地展示、产品的食用价值（卖点展示）、产品基本信息、产品产地优势介绍、产品工艺流程、产品对比图、产品食用方式。除了宝贝全方面细节的展示，还针对客户角度关心的质量和材质问题做充分的说明，使客户认可品质，坚定购买。同时增加详细的说明图，减少客户咨询量。

（3）搜索优化。

已开展搜索优化的主要内容如图 6-3 所示。

①搜索词优化。

②橱窗推荐。

卖家热推的产品，在搜索结果排序时优先展示。只要多做线上交易并注重服务质量，提供更多的客户保障，即可获得橱窗位奖励。通过赚橱窗位，报名成功立得 3 个额外橱窗位奖励，免费获得搜索加权 + 产品带来的独立流量。

图 6-3  已开展搜索优化的主要内容

将自己的主打产品设置为橱窗产品，这些橱窗产品将在搜索结果页中获得优先推荐，同时展示在企业网站首页中，获得重点曝光。

### 4. 推广策划

（1）客户推广。

①生意参谋。

分析到店客户的去向，结合每个客户看商品的种类、时间，可以大致推断客户喜好与需求，从而在主动访问和接待客户时可以做到投其所好的推荐，达成交易。

②入店来源。

根据进店访问的客户信息，分析访客和进入店铺渠道，主动出击，赢得二次销售。店铺可进行智能推广，挖掘新客户，包括活动、新品等相关推荐。

③牢牢把握每一个客户。

科学有效的推广才是现在网店所需要的。在店铺提示新访客到店时，及时发送询问信息"您好，欢迎光临 ×× 店铺，有什么问题记得来问我哦，我们店铺现在推行……活动"。客户离店时发送"期待您的下次光临，我们会做得更好"之类的话语，虽然简单，却能给客户宾至如归的感觉，且不会让客户产生反感。发送店铺优惠信息、新产品信息等都要及时。

（2）站内推广。

站内推广，主要是淘宝平台内部的推广，淘宝后台有专门的营销中心。对于"潍坊农家汇"目前的店铺状态和背景，这次的站内推广主要针对两个方面，即付费流量和免费流量，主要有以下方法：

①直通车计划。

要做好直通车就要提高投资回报率（ROI），要提高ROI就要选好直通车要推广的宝贝。因为直通车是一个锦上添花的工具并不是雪中送炭的辅助手段，也因为目前是直通车探索阶段，所以推广的主要宝贝是公司的优质宝贝（表6-4）。

表6-4　店铺直通车推广计划示意

| 推广计划名称 | 计划类型 | 分时折扣 /% | 日限额 / 元 | 投放平台 |
| --- | --- | --- | --- | --- |
| 活动专区 | 活动专区 | 100 | 不限 | — |
| 礼盒香薯干 | 标准推广 | 100 | 30 | 计算机 移动设备 |
| 精品香薯干 | 标准推广 | 100 | 30 | 计算机 移动设备 |
| 杂粮煎饼 | 标准推广 | 100 | 35 | 计算机 移动设备 |
| 农家小米 | 标准推广 | 100 | 30 | 计算机 移动设备 |
| 默认推广计划 | 标准推广 | 100 | 30 | 计算机 移动设备 |

②关键词对比调价。

对比调价是指公司根据三个不同时期制定价格调整思路，如图6-4所示。

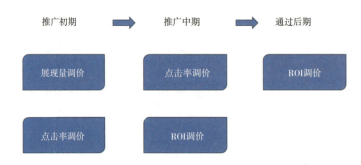

图6-4　店铺关键词对比调价思路示意

③淘宝客推广。

根据淘宝新规，公司第一时间抓住淘宝客平台，通过佣金的方式带来流量和销售额。

④各种大型的淘宝类活动。

类似"双十一""双十二""年中大促"等活动，通过淘宝的审核参加此类活动，可以为店铺引来大量访客并提高成交量。

（3）站外推广。

SNS（社交网络服务）营销即社区营销，做站外推广是为了把自己的产品店铺宣传出去。推广是要讲究技巧的，要综合产品的特性来选择合适的方法和平台进行推广，而不能盲目、无计划地随意进行，那样效率是会很低的。公司做站外推广大致分为以下几类：

①U 站入驻。

"折 800"平台与淘宝店铺间接联系在一起。只有真正入驻到该平台的商家才知道，在这样的平台上销售自己的商品，几乎没有盈利，反而处于亏损销售。目的只有一个——提高销售量，增加大量的客户基数。通过 U 站引入大量的客流量，提高店铺的综合排名。

②QQ 群推广。

搭配专业论坛一起操作。论坛里留 QQ 号，然后以 QQ 为中转点聚集人群，向淘宝店铺导入流量。

③微信公众号推广。

微信公众号是开发者或商家在微信平台上申请的应用账号，与 QQ 账号互通，可以在平台实现与特定群体的文字、图片、语言、视频的全方位沟通、互动，形成一种线上线下微信互动营销推广方式。

④微博推广。

通过微博红人以及微博粉丝头条进行内容信息的推广。

（4）店铺内促销推广。

作为淘宝商家必须知道，要提高销量就必须增加用户在店铺内的体验度。用户的体验度体现在很多方面，如店铺装修、商品详情页内容、客服服务态度等，其实优惠打折也是一种客户体验度。下面介绍淘宝店铺常用促销手段。

①优惠券促销。

我们将店铺优惠券分成多类，主要针对新客户，与后台会员折扣不能同时使用，商品优惠券针对特定分类商品，采取灵活的优惠措施。

②店铺商品打折促销。

店内的打折促销对于新客户是为了和其他销售模式配合起来而促进买家下单进行付款的诱惑下单模块。店内打折促销有着提升回头客率的作用，如果商品本身被老客户喜爱的话，店内打折促销会使老顾客增加购买的数量，从而增加店铺的销售数量。

### 5. 活动策划

活动策划是增加消费者与店家互动的重要方式，是提升流量和交易的重要手段。定期进行活动策划，可让更多的消费者知道店铺的产品，增加关注量，提高店铺知名度。同时促使更多的老顾客感受到公司真诚的回馈，产生购买的欲望。

（1）活动主题。

品味香薯干，享电商生活。

（2）活动时间。

活动开展于20××年11月11日，即"双十一"当天。

（3）活动地点。

当地文化广场，此外有外放投影设备和足够的场地面积。

（4）活动内容。

①收藏店铺，并关注公众号，可领取店铺50元无门槛优惠券。

②线上支付满49元减5元，满99元减10元，现场提货。

（5）活动前期准备。

①打印店铺商品宝贝二维码，并在二维码下方标明产品名称及价格（方便活动当天现场分辨）。

②制作相关优惠促销活动横幅（布置现场周边），在现场树立店铺二维码以及相关促销活动KT板，方便消费者活动当天直接扫码进入店铺浏览。

③制作简易A4纸宣传单。上半部写明"满多少减多少促销金额"，下半部打上店铺二维码。

④网店需制作一张店铺活动并标明活动时间的海报（或轮播图）。如果网上交易记录被消除，可以跟淘宝协商复原（防止被抓）。

⑤活动开始前5天开始逐步增加订单量以及店铺浏览量，为活动开始做准备。

（6）活动当天准备。

①扫码进入宝贝页面，跟客服旺旺发送"满减"，再下单付款（增加询单转化率），从而让后台能够及时操作减价。

②当天后台需要引入大量不购买客户浏览店铺宝贝，保持商品下单转化率。

（7）活动形式。

购物新方式，扫对应商品或店铺二维码。线上付款，现场拿货（购买越多优惠越多，概不支持退货）。满49元减5元、满99元减10元，以此类推，满得越多减得越多。可使用5元无门槛优惠券（无门槛优惠券一人限使用一次）。

注：使用无门槛优惠券时需截收藏店铺的图给淘宝旺旺证明。

### 6. 方案预算

根据前面的店铺推广策划案，公司从线上和线下两个方面预估了各项费用，网店商品提升和推广的总费用为72 800元，具体明细见表6-5。

表 6-5　推广费用预算

| 项目 | 金额 | 备注 |
| --- | --- | --- |
| 微信微博推广活动 | 10 000 元 / 年 | 用于活动的奖品，每个奖品 10 元，每周各三次，一次 5 名 |
| 火牛促销及其他付费软件 | 800 元 / 年 | 打折促销 |
| 专业版店铺及店铺模版 | 1 200 元 / 年 | 店铺版式优化 |
| 站内付费推广 | 10 800 元 / 年 | 直通车投放 |
| 站外付费推广 | 20 000 元 / 年 | 视频推广费用 |
| 人员配置 | 30 000 元 / 年 | 运营店铺人员经费 |
| 总计 | 72 800 元 | |

### 7. 效果评估

针对方案实现的进度，时时跟进生意参谋后台数据变动，主要从展现、流量、支付等指标评估效果。

（1）客流量渠道。

从搜索关键词、访客来源发布、客单支付评价关键词优化、站内外推广到店铺优惠活动的效果，根据数据进一步优化改进。

（2）成交转化的把控。

从产品展现量、点击率、转化率评价到交易数量评价把控产品优化、站内外推广、优惠促销活动对各产品的效果。

### 8. 风险管理

（1）经济管理风险。

目前，在店铺经营活动中，财产对维护店铺的合法权益具有至关重要的作用，店铺要时刻注意规避合同上的风险。严格按照淘宝网规则进行交易，从根本上规避风险。

（2）存货风险。

存货是很多网店的一个很大的困扰，其造成的成本堆积对店铺来说是存在较大风险的，而针对公司这个新店铺来说，存货问题是一个应重点关注的问题。针对存货问题，公司打算对一些快要过期的商品做促销销售，在一些学校或人口比较密集的周边设点，以大卖场等形式让更多的消费者知道公司的店铺商品，用较实惠的价格体会到公司的核心产品。

（3）物流风险。

网店产品的销售均由外界物流公司负责配用，免不了有商品寄出损坏以及丢失或部分买家退货的问题。针对物流问题，公司打算将价格较低的产品寄出，遇到商品损坏丢失的情况，要求买家提供相关证据给企业客服审核。小额商品退回考虑物流成本问题均不收回，处理办法为补发、返现，直接退全款。价格贵的商品需寄回审核退款。给客户体会到温暖的一面，留住更多客户。

# 任务实训

## 任务实训1　淘宝网店营销策划

### 【任务描述】

随着电子商务的高速发展，网上购物逐渐成为一种时尚，淘宝网给我们提供了一个方便快捷的购物环境。近期，淘宝网发布数据显示，淘宝网和淘宝商城每天包裹量已超过1 000万，占到整个快递业总包裹的近六成。2022年，淘宝商城总体品牌数达十万多个，较上年增幅超过一倍。此外，全面开放的淘宝开放平台在近几年时间里，已开放300个Api接口，合作独立软件开发者总数达27.3万，淘宝网帮助246.3万人实现直接就业。

由此可见，中国网络购物的春天已经到来，发展前景十分广阔。这些网购平台还提供个人网店平台，这就更为大学生在网上开店提供了方便。2022年新春伊始，大学生小玉就在淘宝网上注册了自己的淘宝小店，取名"小玉家衣橱"，给自己更多学习和实践的机会。

小玉家衣橱店铺的类目为服饰配件/箱包/鞋帽，主要经营男女韩版服饰，潮流休闲鞋，在网店的经营过程中，又增加了精美的饰品。在货源方面，由于目前处于上学，经济资源不是很充分，小玉选择了产品代销的方式，男装女装为仿单服饰，浙江、广州的直接厂家货源，价格与市场价相比较为低廉，主要以薄利多销为手段，回头客为目的；饰品为浙江义乌的直接厂家货源，拿货价低，质量好，性价比很高。

### 【任务要求】

阅读并分析案例，以大学生小玉网店经营的具体情况为出发点，结合网络营销策略和特征，进行网络营销策划方案的设计与撰写。

## 【任务分析】

小店主要面向的客户群为 17～30 岁的年轻群体，主要是学生和刚走上社会工作不久的人，他们喜欢并有时间上网，但经济大都不独立或不完全独立。这群人对服装的追求标准主要是在流行和新颖性上，是更换服装最快的一群，他们对品牌有一定的认知，但大多无力购买，这正是小玉网店的目标客户。所以抓住消费者喜欢网购，乐于购买性价比高的产品的心理因素，在产品的定价上和宣传上采取一定的策略，定期推出一些特价商品，打开网店的销路。

## 【任务实施】

步骤一：根据分好的小组给每个团队分配任务，进行学习交流 20 分钟，完成市场分析。

步骤二：在市场分析的基础上，制定具体营销策略，并填写表 6-6。

步骤三：各小组展示交流成果，老师带领学生总结，并做出评价。

步骤四：形成网络营销策划方案。

表 6-6　网络营销策略设计

| 序号 | 商品名称 | 网络营销策略 | | | | |
| --- | --- | --- | --- | --- | --- | --- |
| | | 产品策略 | 价格策略 | 促销策略 | 渠道策略 | 其他 |
| 1 | | | | | | |
| 2 | | | | | | |
| 3 | | | | | | |
| ⋮ | | | | | | |
| 备注 | | 每个产品对应的营销策略（可提供多项） | | | | |

## 【任务总结】

请对本次实训任务进行总结

收获与成长

_____

_____

_____

问题与困难

_____

_____

_____

## 【任务评价】

对本次工作任务实施情况、完成态度、团队合作进行评价，填写任务评价（表6-7）。

表6-7　任务评价表

| 评价项目 | 评价内容 | 分数 | 评价说明 | 自我评价 | 小组评分 | 老师评分 |
|---|---|---|---|---|---|---|
| 任务实施（60分） | 市场分析 | 20分 | 能够合理进行相关因素市场分析 | | | |
| | 结合产品制定营销策略 | 20分 | 分类别制定合适的营销策略 | | | |
| | 根据营销策略制定推广方案 | 20分 | 能制定营销方案 | | | |
| 工作技能（20分） | 各商品市场分析 | 10分 | 能够区分各商品特性，进行市场因素分析 | | | |
| | 网络营销方案策划 | 10分 | 能够合理运用营销策略并形成策划方案 | | | |
| 职业素养（20分） | 团队协作 | 5分 | 快速地协助相关同学进行工作 | | | |
| | 沟通表达 | 5分 | 主动提出问题，快速有效地明确任务需求 | | | |
| | 学习能力 | 10分 | 本着积极的学习态度，提升学习能力 | | | |
| 计分 | | | | | | |
| 总分（按自我评价30%，小组评价30%，教师评价40%计算） | | | | | | |

## 项目练习

### 一、判断题（正确的打"√"，错误的打"×"）

1. 网络单一产品策划包括产品质量、包装、服务三方面。（　　）

2. 网络策划的效益性原则就是要求不花钱以达到预期效果。（　　）

3. 网络产品营销策划书的封面只要写明本策划案的名称即可。（　　）

4. 网络推广也就是网站的推广。（　　）

5. 通过搜索引擎推广可实现网站访问量增加的目的。（　　）

6. 网络软文以互联网作为传播平台，主要以文字为载体。（　　）

## 二、分析题

1. 结合营销产品具体性质进行市场因素的分析。

2. 网络产品策划方案的内容包括哪些方面？

3. 简要说明网络推广的步骤。

4. 网店推广优化过程。

## 项目小结

　　网络营销产品策划是遵循营销策划的一般原理、法则和技巧，再结合现代营销新环境、新理论、新规划和新策略，抓住围绕消费者行为变化出现的新特点而进行的符合网络经济特点的营销策划。网络推广是指通过互联网手段进行的宣传推广等活动。

# 项目七　网络营销效果评估

## 项目引言

　　网络营销效果评估是一个系统工程，正确的营销决策源于科学的营销效果评估。企业只有对其所进行的网络营销活动进行正确评估，才能为今后的网络营销活动做出更好的决策，以达到总结和改善网络营销活动、提高企业网络营销水平的目的。

## 项目目标

　　学习目标：

　　1. 了解网络营销效果评估的概念与意义；

　　2. 熟悉网络营销效果评估不同角度的评价指标，能够建立网络营销效果评估指标体系；

　　3. 掌握通过建立网络营销效果评估指标体系，能对企业网络营销进行效果评估，具备对企业网络营销效果进行评估的能力。

　　素质目标：

　　1. 以网络强国为目标，培养学生精益求精的思维；

　　2. 以数字中国为目标，培养基于电商大数据进行营销推广的意识；

　　3. 培养学生遇到挫折不气馁的精神。

## 知识导图

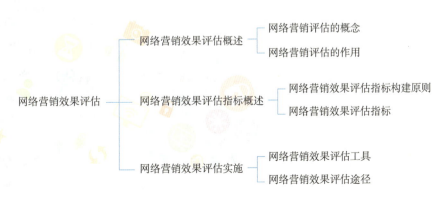

项目七　网络营销效果评估概述 ——— 网络营销评估的概念
　　　　　　　　　　　　　　　　　 网络营销评估的作用

网络营销效果评估 ——— 网络营销效果评估指标概述 ——— 网络营销效果评估指标构建原则
　　　　　　　　　　　　　　　　　　　　　　　　 网络营销效果评估指标

网络营销效果评估实施 ——— 网络营销效果评估工具
　　　　　　　　　　　　 网络营销效果评估途径

## 案例导入

山东东阿阿胶股份有限公司是国内最大的阿胶及系列产品生产企业。1996年成为上市公司，同年7月29日"东阿阿胶"A股股票在深交所挂牌上市。东阿阿胶北方市场始终未能实现质的突破，如何在北方消费者的大脑中建立一个能创造利润的领导者品牌，实现"策略出奇、形象提升、品牌制胜"的战略目的是突破方向。公司推出"满堂红"东阿阿胶北方市场品牌战略计划，将整合所有优势资源集

中在一个核心点——"满堂红工程"上，抓住一个核心点展开主题性互动式地面推广计划、OTC药品分销计划、广告策划。通过"满堂红工程"东阿阿胶北方市场品牌营销战略的推进，提升东阿阿胶在北方消费者和公众心目中的形象，以行业先驱者的形象示于公众。

"满堂红工程"东阿阿胶北方市场品牌营销启动市场战略，深度挖掘"东阿阿胶"品牌内涵，树立品牌的价值基础，宣导品牌的"阿胶行业的领导者"，清晰品牌个性。强化现代健康生活氛围，清晰目标消费群和东阿阿胶OTC药品，以覆盖更大层面的消费人群且不断扩大市场份额。加强品牌化主题性互动式地面推广、分销计划、广告投放的市场表现，让品牌与销量同步发展，最大化地维护忠实消费群和吸引品牌转换。

（资料来源：百度文库 https：//wenku.baidu.com/view/8a75c91fa8114431b90dd87a.html）

案例分析：

正确的营销决策源于科学的营销效果评估，企业只有对其所进行的市场营销活动进行正确评估，才能为今后的营销活动做出更好的决策。因此，作为网络营销管理中的一项重要内容，网络营销效果评估是指借助一套定量和定性化的指标，对企业网络营销的绩效进行系统、科学和客观的综合评估，以了解网络营销的运营状况，及时发现并纠正存在的问题，改善和提高企业的网络营销效果。本章将从网络营销效果评估的指标体系、工具方法、具体实施等方面进行全面的论述，以解决上述案例中遇到的问题。

## 素养园地

海尔集团创立于1984年，是全球领先的美好生活和数字化转型解决方案服务商，致力于"以无界生态共创无限可能"，与用户共创美好生活的无限可能，与生态伙伴共创产

业发展的无限可能。连续 5 年作为全球唯一物联网生态品牌蝉联"BrandZ 最具价值全球品牌 100 强",连续 15 年稳居"欧睿国际全球大型家电品牌零售量"第一名。海尔注重利用国际社交媒体来进行全球品牌的传播:海尔全球官方 Facebook 账号创建于 2019 年 11 月,目前粉丝数量为 1 166 万个;X(原 Twitter)账号创建于 2021 年 1 月,目前粉丝数量为 3 428 个;Instagram 账号创建于 2018 年 4 月,当前粉丝数量为 5 118 个。从 2023 年 8 月的传播数据看,在中国出海品牌新媒体传播力百强榜中,海尔的综合指数排名为 76。其中,在 Facebook 上排名为第 65 位,X(Twitter)为 89 位,Instagram 为 83 位。海尔对国际社交媒体的重视和利用助推了海尔国际化品牌战略的发展。

# 知识单元1　网络营销效果评估概述

## 单元导读

　　网络运行有其独特的规律性,网络营销所利用的媒介是网络空间,所以网络营销评估的工作系统同其他的工作系统相比就略有不同。相比之下,网络营销评估对于网络营销企业发展起着决定性作用。

## 知识学习

### 一、网络营销评估的概念

　　所谓评估,是指按照已经确定的目标对对象的属性进行测定的行为,即明确活动价值的过程。评估必须有明确的目的,但评估过程本身并不是目的,评估的终极目标是便于企业进行决策。

　　网络营销评估是指借助定量的和定性的指标,对企业开展的网络营销活动的各个方面包括网站访问量、个人信息政策、顾客服务和产品价格等进行评价,以达到总结和改善网络营销活动、提高企业网络营销水平的目的。

　　企业网络营销部门的工作内容之一就是评估和控制网络营销活动。网络营销活动的评估是为了评价所执行的网络营销计划和方案是否有效。当评价的结果表明未能达到预期目标时,就要调整网络营销计划和具体的方案,从而对网络营销活动进行适当控制。

## 二、网络营销评估的作用

网络营销评估的作用具体为以下几个方面。

（1）通过对网络营销系统运行状况进行评估，了解网络营销工作的效果，形成对系统的各个组成部分的良性刺激，带动系统正常持续发展。同样，该评估可以检查网络营销系统运行状况与设定目标之间的差异，并随时进行纠正，以确保网络营销系统正常运转，使得网络营销企业持续健康发展。

（2）通过权威机构评价的宣传，可以迅速扩大网络营销企业及其网站以及产品的品牌知名度，从而提升网络营销企业的价值，得到更多盈利。

（3）网络营销评估可以提高企业管理水平。网络营销是企业营销活动的重要组成部分，往往在第一时间将企业的发展情况以及产品的创新情况宣传出来。围绕网络营销，以网络营销评估结果为参照，企业可以更加有针对性地整合自身内部资源，创造适合企业发展特点和市场环境的企业组织，提高企业整体管理水平。

（4）网络营销评估是实施有效网络营销的关键环节之一。正如所有管理活动都要有计划、执行和控制一样，网络营销也应包含控制环节，而控制环节就包括评估过程。企业开展网络营销活动要实现其预定目的，那么营销计划、具体的营销活动实施过程的效果如何，不足之处和成功经验有哪些，所有这些都依赖对营销活动的评估。只有客观公正地评价过去，才能改进现行的工作，并对将来的活动产生影响，从而形成对营销活动评估基础的系统性积累。从这一点上来讲，网络营销评估更具意义，它是实施有效网络营销的关键环节之一。

（5）网络营销评估可以提高企业网络营销的水平。网络营销作为市场营销中的一个重要组成部分，它的改善直接有利于企业营销活动的开展。不仅如此，通过网络营销评估，企业可以获得传统市场营销评估中难以获得的信息，推动企业整个营销工作的开展，指导企业对营销策略的调整。

> **思考探索**
>
> 网络营销评估不仅可以反映企业内部的营销效果，对外也起到了一定的宣传作用。这样的理解对吗？

# 知识单元2　网络营销效果评估指标概述

## 单元导读

　　评估是控制网络营销活动的基础。企业应把网络营销评估工作列入营销工作的战略层面。网络营销企业的收入、利润和网站的访问量通常被认为是衡量网络营销工作业绩的主要标准。当然，除收入、利润和网站的访问量外，还有一些更适合用于衡量业绩的标准。不同网络营销企业对于不同指标的关注程度也是不一样的，或重视收入，或重视访问量。所以，对于不同的企业要给予不同的指标分析。

## 知识学习

### 一、网络营销效果评估指标构建原则

　　指标是对工作绩效进行衡量的标准。因此，网络营销指标体系的构建必须符合企业发展的要求。在建立网络营销评估指标体系时要注意以下原则。

　　（1）客观性。客观性是指指标体系的建立要紧贴客观实际情况，尽可能不掺入主观因素，数据信息的获得要客观。

　　（2）指导性。指导性即使用统一的、量化的统计手段评价营销绩效，根据情况选择反映长期或短期目标的指标，这样才能够为营销决策提供依据和帮助。

　　（3）可操作性。可操作性即指标应尽可能简明且容易掌握，每个指标应有明确清晰的含义，指标的数量应在较全面反映情况的基础上尽可能精练，同时各指标应都是可以计算的。

　　（4）全面性。全面性即指标体系应全方位、多角度地反映企业面向网络营销的状况，既有反映企业自身面向网络营销活动发展历史的纵向指标，又有反映当前与同行业企业比较的横向指标。

### 二、网络营销效果评估指标

　　网络营销效果综合评估不仅是对一个时期网站营销活动的总结，更是制定下一阶段网络营销策略的依据，同时，通过对网站访问统计数据的分析，可以提供很多有助于增强网络营销效果的信息。网络营销效果评估体系主要包含以下几个方面。

### 1. 经济指标

网络营销评估的经济指标主要有以下 3 个：

（1）网上销售收入（增长率）——通过网络实现的产品销售总额；

（2）网上销售费用（增长率）——进行网上销售所花费的代价，包括营销人员的工资和福利、网络运营费、网络推广费、网站建设费、企业支付的物流费用等；

（3）销售利润（率）/（增长率）——销售收入与销售成本和费用的比值。

### 2. 市场业绩指标

市场业绩指标包括以下 5 个：

（1）市场覆盖率（变动）——企业产品的市场覆盖指标；

（2）市场占有率（变动）——企业产品在市场中占有的比率；

（3）新市场拓展——通过网络营销活动，拓展新的销售市场的情况；

（4）网上销售比率——网络营销在全部产品销售中的比率；

（5）顾客回头率——老顾客通过网络订购产品的情况。

### 3. 网站建设指标

网站建设是企业网站策略的重要内容，也是网络营销信息传递的主要渠道之一，在网络营销综合效果评估中，应该对企业网站的建设水平给予科学客观的评价。对企业网站的建设水平评估包括 3 个方面的内容：网站优化设计合理性、网站内容和功能完整性、网站服务有效性与网站可信性。

### 4. 网站推广指标

网站推广效果可以从以下方面进行定量评估。

（1）搜索引擎的收录和排名状况。

根据搜索引擎优化策略，企业网站登录的搜索引擎越多、在搜索引擎中排名越靠前，对增加网站访问量越有效果。在进行这项评估时，企业应对网站在主要搜索引擎中的表现逐一进行评估，并与主要竞争者进行对比分析。

（2）获得其他网站链接的数量。

其他网站链接的数量越多，对搜索结果排名越有利，而且访问者还可以直接从合作伙伴网站获得访问量，因此网站链接数量也反映了对网站推广所做的努力。不过网站链接数量并不一定与获得的访问量成正比。

（3）网站注册用户数量。

网站访问量是网络营销取得效果的基础，也在一定程度上反映了获得顾客的潜在能力。其中较重要的指标之一是注册用户数量，因为注册用户资料是重要的网络营销资源，是开展许可 E-mail 自营策略的基础，拥有尽可能多的注册用户数量并合理应用这些资源已经成为企业重要的竞争手段。

### 5. 网站访问流量指标

在网络营销整体评估中，网站访问量评估是其中的重要内容。网站访问量统计除了作为网络营销效果的评估之外，还有一个重要的作用——为网络营销诊断和策略研究提供有价值的信息，从而既可以发现网站设计方面存在的问题，为及时改善网站设计提供参考，也可以了解访问者的浏览习惯，有助于对网络营销活动进行控制和改进，达到增强网络营销效果的目的。网站访问量指标可根据网站流量统计报告获得，其中最有价值的指标包括独立访问者数量、页面浏览数、用户访问量的变化情况和访问网站的时间分布、访问者来自哪些网站 /URL、访问者来自哪些搜索引擎、用户使用哪些关键词检索等。其中较有价值的指标包括下列几项。

（1）独立访问者数量。

独立访问者数量（UV）描述了网站访问者的总体状况，指在一定统计周期内访问网站的数量（如每天、每月），每一个固定的访问者只代表一个唯一的用户，无论他访问这个网站多少次。独立访问者越多，说明网站推广越有成效，也意味着网络营销的效果卓有成效，因此是较有说服力的评价指标之一。

（2）页面浏览数。

页面浏览数（PV）指在一定统计周期内所有访问者浏览的页面数量。如果一个访问者浏览同一网页 3 次，那么网页浏览数就计算为 3 个。不过，页面浏览数本身也有很多疑问，因为一个页面所包含的信息可能有很大差别。一个简单的页面也许只有几行文字，或者一个图片；而一个复杂的页面可能包含几十幅图片和几十屏的文字。同样的内容，在不同的网站往往页面数不同，这取决于设计人员的偏好等因素。由于页面浏览实际上并不能准确测量，因此，现在 IAB（国际簿记师协会）推荐采用的最接近页面浏览的概念是"页面显示"。但无论怎么称呼，实际上仍很难获得统一的标准。因此，页面浏览指标对同一个网站进行评估有价值，而在不同网站之间比较时，说服力就会大为降低。

（3）单个访问者的页面浏览数。

页面浏览数是指在一定时间内全部页面浏览数与所有访问者相除的结果，即一个用户浏览的网页数量。这一指标表明了访问者对网站内容或者产品信息感兴趣的程度。如果大多数访问者的页面浏览数仅为一个网页，表明用户对网站显然没有多大兴趣，这样的访问者通常也不会成为有价值的用户。

（4）用户在网页的停留总时间和平均停留时间。

网页的停留总时间，即在一定时期内所有访问者在网页停留的时间之和；平均停留时间，即每位浏览者在网页上的停留时间。访问者停留时间的长短反映了网页内容对访问者的吸引力大小。

（5）产品搜索排名。

产品搜索排名是指在平台中用关键词搜索产品在全网中的排名。在淘宝平台中，首页搜索"宝贝"的默认显示结果为"人气"搜索结果，"人气搜索结果"是综合"卖家信用、好评率、累计本期售出量、30天售出量、宝贝浏览量、收藏人气"等因素来竞排的。依据多次搜索结果测试，"淘宝网人气宝贝排名"的重要性依次为：成交量 > 收藏人数 > 卖家信誉 > 好评率 > 浏览量 > 宝贝下架时间。

（6）客单价。

客单价是指每一位顾客平均购买商品的金额，客单价 = 商品平均单价 × 每一顾客平均购买商品个数，或者客单价 = 销售额 ÷ 顾客数。

值得说明的是，即使是网站访问统计指标在实际应用中也存在种种限制，因此，通常也只能作为参考指标，或者作为一种相对指标。

### 6. 网络营销反应效果评估指标

在网络营销活动中，有些活动的效果并不表现为访问量的增加而直接达到销售促进的效果，因此便无法用网站访问量指标来进行评估。例如，在企业进行促销活动时，采用电子邮件方式发送优惠券，用户下载之后可以直接在传统商场消费时使用，用户无须登录网站，这时网络促销活动的效果对网站流量就不会产生明显地增加，因此只能用该次活动反应效果指标来评价。

网络营销反应效果分为直接反应效果和间接反应效果，由于目前国内对网络营销间接反应效果的评估研究仍处于探索阶段，尚未形成公认有效的评估方法，所以只讲解常用的网络营销直接反应效果的评估指标。

（1）网络广告点击率。

尽管现在的普遍观点认为点击率不能反映网络广告的真实价值，但是，如果企业的网络广告点击率远低于行业平均水平，就能在一定程度上反映出广告设计或媒体选择的不足。

（2）电子邮件回应率。

企业开展许可 E-mail 策略时，直接回应率虽然也不能全部反映最终的营销效果，但是作为最直接、最有说服力的数据，回应率的重要程度远高于其他评估方式。

针对不同的企业，应该如何选择恰当的评估指标？

# 知识单元3　网络营销效果评估实施

## 单元导读

　　不同网络营销企业对于不同指标的关注程度不一样，对于不同企业要给予不同的指标分析，运用的评估工具不同，网络营销效果评估实现的途径也不相同。只有根据网络营销企业不同的功能需要，选择合适的评估工具和评估途径，才能得到最佳的评估结论，指导企业更好的发展。

## 知识学习

### 一、网络营销效果评估工具

#### 1.Google Analytics

　　Google Analytics 是 Google 的一款功能非常强大的免费网站分析服务，显示人们如何找到和浏览网站以及能如何改善访问者的体验，提高网站投资回报率、增加转换，在网上获取更多收益。Google Analytics（分析）账户有 80 多个报告，可对整个网站的访问者进行跟踪，并能持续跟踪营销广告系列的效果：不论是 AdWords 广告系列、电子邮件广告系列，还是任何其他广告计划。利用此信息，将了解哪些关键字真正起作用、哪些广告词有效，访问者在转换过程中从何处退出。Google Analytics 是一种功能全面而强大的分析软件。

#### 2. 百度统计

　　百度统计是百度推出的一款稳定、专业、安全的数据统计，分析工具。能够为 Web 系统管理者提供权威、准确、实时的流量质量和访客行为分析，助力日常指标监控，为系统优化、提升投资回报率等目标提供指导。百度统计目前已为客户提供几十种图形化报告，帮助用户完成以下工作：

（1）监控网站、系统运营状态。

百度统计能够全程跟踪网站访客的各类访问数据，如浏览量、访客数、跳出率、转换次数等，通过统计生成网站分析报表，展现网站浏览的变化趋势、来源渠道、实时访客等数据，帮助管理者从多角度观察、分析。

（2）提升网站推广效果。

百度统计可以监控各种渠道来源的推广效果。

## 二、网络营销效果评估途径

网络营销企业在不同时期对网络营销系统的评估目的是不同的，有时是要提升系统水平，有时要通过评估提升网络营销系统的知名度，有时要针对经营方面的某一问题进行研讨。所以，针对网络营销企业不同的功能需要，网络营销评估的途径也各不相同。

### 1. 企业网站工具评估

网络营销企业可通过自己的网站，运用一定的调研方法，进行数据收集与评估。对于大多数网站来说，可以运用统计工具、程序包等来取得和分析相关数据。目前相关的程序比较多，要注意分析和研究来自下列资源的信息：

（1）服务器、网络以及操作系统的日志文件；

（2）用户注册数据库；

（3）交易系统数据库；

（4）第三方服务机构提供的数据报表。

### 2. 由第三方服务机构进行评估

在网络营销评估领域，第三方评估是比较有影响力的。第三方评估服务机构是专业网络营销评估组织，所以它的专业性更强、评价参考的标准更丰富、评估内容也比较广泛，其评价结果的社会认可度也比较高。当然，选择第三方评估服务机构进行评估的原因是看重其专业性和权威性。第三方评估服务机构的服务机制也有差异。有的采用会员制，有的采用企业申请由行业权威机构受理的形式，也有的专门为特定的企业进行网络营销系统评估服务。

（1）中国互联网络信息中心。中国互联网络信息中心是中国权威的网络评估机构，它提供网站的第三方流量认证与其他方面的网络评价工作。

（2）在线消费者报告（Consumer Reports Online）。在线消费者报告由消费者联盟（CU）发布管理，消费者联盟是一个独立的非营利性测试和信息组织。自1936年起，消费者联盟的使命一直是检验产品，向公众发布检测报告，并保护消费者权益。消费者联盟的非营利性质有助于其在公众心目中的公正形象。

（3）Forrester Research。这是一个独立的研究咨询公司，Forrester 强力评估是在线用户调查与专家公正分析的结果，这种独特的组合为电子商务网站提供了一个全面的评估。PowerRanking 为消费者提供客观研究调查，以帮助他们选择领先的网站提供较好的决策，对于电子商务网站来说，其得到了市场地位的公正评估。

Forrester PowerRanking 评估方法采取专家实际购物测试与消费者调查资料相结合的方式，两类数据结果将赋予权重，消费者资料为 2/3，而专家购物资料为 1/3，最后得分以百分制表示。

（4）OPen Rating。其特色在于为网站的买卖双方提供服务，让双方以销售的观点互相比较，主要是针对 B2B 和拍卖市场。OPen Rating 的评估同时也面向各种形式和规模的消费品零售商，比其他评估网站覆盖更多的公司，得到更多详细反馈的信息。

## 任务实训

### 任务实训　网络访问数据分析与营销优化

**【任务描述】**

某公司经过一段时间的搜索引擎推广服务后，获取了部分推广数据，请同学们根据数据分析推广效果，进一步改进网络营销策略。

**【任务要求】**

1. 通过本实训内容，同学们掌握网站评估的方法。
2. 建立网络营销评估指标体系，进行网络营销效果评估。

**【任务分析】**

跳出率指用户通过搜索关键词来到某网站，仅浏览了一个页面就离开的访问次数与所有访问次数的百分比。观察关键词的跳出率就可以得知用户对网站内容的认可。如果跳出率较低，通常意味着访问者对网站内容感兴趣，更愿意与网站进行进一步的交互，如查看其他页面、进行搜索、填写表单或进行购买等。相反，如果跳出率较高，则可能表明网站的用户体验不佳。

## 【任务实施】

1. 要求学生以小组为单位进行实训，借助网络查询，学习跳出率的含义。

2. 结合图7-1中的数据统计报表，完成搜索词项的跳出率排名。

3. 小组合作分析跳出率相关的因素并提出相关建议。

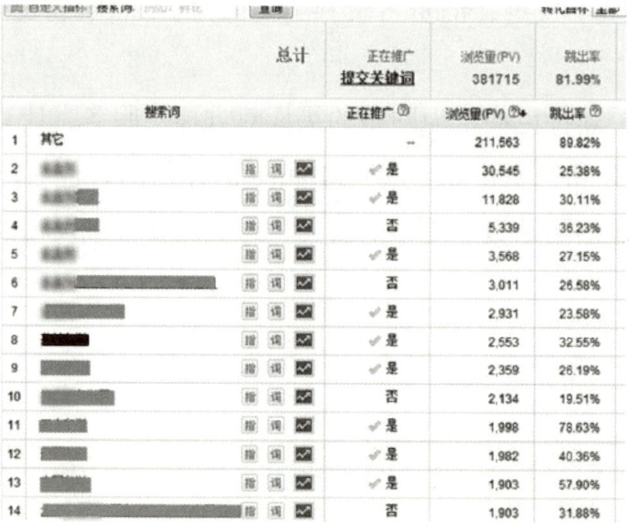

图 7-1 推广效果数据分析表

## 【任务总结】

通过分析跳出率，可以分析网页存在的问题，改进网页质量，提高访问者对网站内容的兴趣，改善网络营销效果。

## 【任务评价】

对本次工作任务实施情况、完成态度、团结合作进行评价，填写过程评价（表7-1）。

表 7-1 过程评价表

| 评价项目 | 评价内容 | 分数 | 评价说明 | 自我评价 | 小组评分 | 教师评分 |
|---|---|---|---|---|---|---|
| 任务实施（60分） | 请通过网络查询跳出率的含义与作用 | 15分 | 自主思考、总结 | | | |
| | 找出图7-1中跳出率低排名前5的搜索词项，跳出率高的排名前3的搜索词项 | 15分 | 查阅提供的资料，总结 | | | |

续表

| 评价项目 | 评价内容 | 分数 | 评价说明 | 自我评价 | 小组评分 | 教师评分 |
|---|---|---|---|---|---|---|
| 任务实施（60分） | 分析跳出率低的探索词项，有何改进建议 | 15分 | 小组合作，给出合理建议 | | | |
| | 分析跳出率高的探索词项，有何改进建议 | 15分 | 小组合作，给出合理建议 | | | |
| 工作技能（20分） | 查阅资料 | 10分 | 根据提供的资料，查阅网络资料完成任务 | | | |
| | 分析总结，形成合理建议 | 10分 | 根据相关资料，集合调研材料，进行分析总结 | | | |
| 职业素养（20分） | 团队写作 | 5分 | 快速协助相关同学进行工作 | | | |
| | 沟通表达 | 5分 | 主动提出问题，快速明确任务需求 | | | |
| | 认真严谨 | 10分 | 充分讨论，形成合理建议 | | | |
| 计分 | | | | | | |
| 总分（按自我评价30%，小组评价30%，教师评价40%计算） | | | | | | |

## 项目练习

### 一、判断题（正确的打"√"，错误的打"×"）

（1）网络营销效果只需从收入、利润和网站的访问量这三方面进行评估。（　　）

（2）网页下载速度快、无错误链接也是衡量一个网站建设的重要指标。（　　）

（3）其他网站链接的数量越多，对搜索结果排名越有利。（　　）

（4）网络广告跳出率高可能意味着人群不精准，或者广告诉求与访问内容有巨大的差别。（　　）

（5）网络广告的点击率能反映网络广告的真实价值。（　　）

（6）选择第三方评估服务机构进行评估必须看重其专业性和权威性。（　　）

### 二、分析题

（1）建立网络营销效果评估指标体系时，可以从哪些方面入手?

（2）自行选择一家网络营销企业，拟建立一整套完整的效果评估体系。

## 项目小结

网络营销效果评估是指借助一套定量和定性化的指标，对企业网络营销的效果进行系统科学和客观的综合评估，以了解网络营销的运营状况，及时发现并纠正存在的问题，改善和提高企业的网络营销成效。评估指标体系的建立应遵循目的性、科学性、客观性、可行性和实用性的原则。网络营销综合效果评估指标包括经济指标、市场业绩指标、网站建设指标、网站推广评估指标、网站访问流量指标、网络营销反应效果评估指标等。

网络营销效果评估的实施应注意选择合适的评估方法和指标。效果评估的指标数据应建立在连续搜集与统计的基础之上，以保证其真实可靠。

# 项目八　网络品牌建设

## 项目引言

品牌在消费者的心智中占据最有利的位置，让竞争不战而胜。——杰克·特劳特。

网络品牌是企业形象的重要组成部分。随着互联网的普及，越来越多的人参与网上购物和线上咨询服务。一个优秀的网络品牌可以通过专业的网站设计、精美的 LOGO 和一致的企业形象传达给消费者一个高质量、可靠的印象。在竞争激烈的市场中，一个强大的网络品牌是企业成功的关键。通过网络品牌建设，企业可以与竞争对手形成差异化，吸引更多的目标客户，并在激烈的竞争中取得优势。

## 项目目标

学习目标：

1. 了解网络品牌的概念、特点与要素，能够比较网络品牌与传统品牌的异同点；

2. 熟悉网络品牌的塑造方法和文化建设，能够对网络品牌的建设进行战略规划；

3. 掌握网络品牌推广的主要方法，具备分析企业进行具体网络品牌推广的能力。

素质目标：

1. 推进文化自信自强，增强中华文明传播力；

2. 树立品牌意识，强化中国"智造"；

3. 具备家国情怀，树立民族复兴的志向。

## 知识导图

## 案例导入

2024年3月28日，小米汽车SU7的上市引爆了科技和汽车界。小米SU7是小米集团推出的一款全新电动汽车。作为小米进军汽车领域的最新力作，首发日以其惊人的开订数据给市场带来了无比的震撼。从第一场技术发布会到首发日，互联网上关于小米汽车的话题热度一直居高不下。整个宣传阵地基本上覆盖了所有的社交平台，从小米汽车官博、雷军个人的公众号、视频号、小米官方以及小米的淘宝旗舰店等都成了SU7的重要传播渠道。小米汽车通过发布新车照片、介绍新车技术特性等方式，吸引了大量的关注和讨论。这不仅是产品设计和技术创新的胜利，更是小米汽车网络品牌建设的成功。

案例分析：在上述小米汽车案例中各种网络推广平台加入，鼓励用户更多地参与此次活动，并自主地去传播，无形中扩大了宣传矩阵，覆盖了更广泛人群。同时，网络受众对于新事物的分享性很强，他们愿意享受生活并传递他们对生活的感受。利用各种网络为互联网用户制造分享的切口，所产生的数百万条信息，为产品传播制造了丰富素材，官方微博的粉丝急剧增加，为其建立了日后与有效受众再沟通的渠道，同时对其他媒体也进行了用户的沉淀和话题传播，达到了很好的网络品牌传播效果。

1. 品牌认知度提升——直播与多网络多管齐下，实现品牌广度覆盖，实现品牌信息短期持续扩大的推广目标。

2. 网友参与热情高，互动充分。借助网络平台整合线上线下活动的传播形式使受众与品牌形成良好沟通，让传统活动不再因为传播力度的问题而自娱自乐。

3. "自媒体"内容大增，形成自主传播及长尾效应。活动结束后各平台数字还在不断上涨，形成传播长尾，使小米新能源车形象渗入各层次人群中。

## 素养园地

党的二十大报告指出，"推动战略性新兴产业融合集群发展""推动经济社会发展绿色化、低碳化是实现高质量发展的关键环节"。随着新能源汽车产业的蓬勃发展，比亚迪新能源汽车足迹遍布全球六大洲，70多个国家和地区，超过400个城市。比亚迪持续加快国际化进程，助力各国家和地区治理空气污染、实现碳中和的同时，走出了一条从自主创新到全面开放的创新之路。

## 知识单元1　网络品牌概述

### 单元导读

　　20世纪90年代中国市场营销迎来了网络品牌时代，媒体分化无情地结束了昔日风光无限的电视广告的辉煌时代。互联网，尤其是自媒体平台，给企业的品牌建设和推广提供了新的渠道，与这一时代相对应的就是网络品牌建设的不断发展。网络营销的各个环节都与网络品牌有直接或间接的关系，网络品牌建设和维护存在于网络营销的各个环节，从网站策划、网站建设到网站推广、顾客关系和在线销售，无不与网络品牌相关，那么网络品牌到底是什么？具有什么内涵？又有哪些要素呢？

### 知识学习

#### 一、网络品牌的概念与特征

##### 1. 网络品牌的概念

　　什么是网络品牌呢？简单来说，企业品牌在互联网上的存在即网络品牌，是一个企业、个人或者组织在网络上建立的一切美好产品或者服务在人们心目中树立的形象。网络品牌有两个方面的含义：一是通过互联网手段建立起来的品牌；二是互联网对网下既有品牌的影响。两者对品牌建设和推广的方式与侧重点有所不同，但目标是一致的，都是为了企业整体形象的创建和提升。

　　在互联网时代，企业不仅要树立传统意义上的品牌形象，更要有自己的网上品牌形象。在互联网领域，品牌是企业进行电子商务和参与网上竞争的保证。

##### 2. 网络品牌的特征

　　相对于传统意义上的企业品牌，网络品牌具有下列特点：

（1）网络品牌的价值通过网络用户才能表现出来。网络品牌的价值也意味着企业与互联网用户之间建立起来的和谐关系。网络品牌是建立用户忠诚的一种手段，因此，对于顾客关系有效的网络营销方法对网络品牌营造同样是有效的，如集中了相同品牌爱好者的网络社区，在一些大型企业如化妆品、保健品、汽车、航空企业比较常见，网站的电子刊物、会员通信等也是创建网络品牌的有效方法。

（2）网络品牌体现了为用户提供的信息和服务。百度是最成功的网络品牌之一。当我们想到百度这个品牌时，头脑中的印象不仅是那个非常简单的网站界面，更主要的是它在搜索方面的优异表现。百度可以给我们带来满意的搜索效果。可见，有价值的信息和服务才是网络品牌的核心内容。

（3）网络品牌是网络营销效果的综合表现。网络营销的各个环节都与网络品牌有直接或间接的关系。因此，可以认为网络品牌建设和维护存在于网络营销的各个环节，从网站策划、网站建设到网站推广、顾客关系、在线销售，无不与网络品牌相关，网络品牌是网络营销综合效果的体现，如网络广告策略、搜索引擎营销、供求信息发布、各种网络营销方法等均会对网络品牌产生影响。

（4）网络品牌的营销呈现个性化。网络品牌营销是理性的、消费者主导的、非强迫性的、循序渐进式的，而且是一种低成本与人性化的营销，避免推销员强势推销的干扰，并通过信息提供与交互式交谈，与消费者建立长期良好的关系。

## 二、网络品牌的要素与层次

### 1. 网络品牌的要素

网络品牌由一系列要素构成，这些要素分别以各自的方式影响着网络品牌的价值。这些要素包括网络品牌忠诚度、网络品牌认知度、网络品牌影响力、网络品牌价值等。

（1）网络品牌忠诚度。一个品牌对企业的价值很大程度上是由其支配的顾客忠诚度创造的，对营销成本的影响巨大，维系老顾客比吸引新顾客的成本低得多。品牌忠诚度是消费者对品牌偏爱的心理反应，品牌忠诚度作为消费者对某一品牌偏爱程度的衡量指标，反映了对该品牌的信任和依赖程度，也反映出一个消费者由某一个品牌转向另一个品牌的可能程度。网络品牌忠诚度可以用品牌网站客户回访率、客户重复购买率等指标衡量。

（2）网络品牌认知度。消费者对品牌的认知度在很大程度上影响着其购买和选择，可以说认知度是建立网络品牌识别的最终策略和目的，它代表消费者对品牌总体质量感受和在品质认知上的整体印象与体验。当消费者对品牌的认知度提高时，其对品牌的感知会大大改善。网络品牌认知度可通过目标客户对网络品牌的认知程度、已有客户中有购买行为的客户所占的比率等指标来衡量。

（3）网络品牌影响力。品牌影响力从某种程度上反映了品牌的市场份额或者代表了品牌在某一市场中的知名度。消费者通过对品牌的了解和接触会产生品牌的熟悉感。心理学研究表明，认知本身可引起对几乎所有事物更为积极的感受，无论这个事物是音乐、人、语言文字还是品牌。因此，消费者做品牌选择时，甚至在决策购买行为时，了解和熟悉的品牌就会占优势。网络品牌影响力可以通过品牌网站的浏览量指标、网站访问者中目标客户的比率等指标来衡量。

（4）网络品牌价值。网络品牌的价值代表了企业网络品牌的终极目标。例如，阿里巴巴的价值观是"让天下没有难做的生意"；"以客户为中心，为客户创造价值"是华为公司的共同价值。其实品牌所代表的文化、精神、价值观念、生活态度及其社会意义才是最关键的品牌价值所在，品牌的价值是难以量化的指标。在实际操作中，网络品牌价值的衡量可以通过测评与消费者生活的关联性、消费者对网络品牌的价值评价和价值认可度、消费者生活对特定品牌的依赖程度、网络品牌的获利能力等指标来衡量。

### 2. 网络品牌的层次

网络品牌有三个层次：

（1）网络品牌要有一定的表现形式。一个品牌之所以被认可，首先应该有其存在的表现形式，也就是有可以表明这个品牌确实存在的信息，即互联网品牌具有可认知的、在网上存在的表现形式，如域名、网站、电子邮箱、网络实名/通用网址等。

（2）网络品牌需要一定的信息传递手段。仅有互联网品牌的存在并不能为用户所认知，还需要通过一定的手段和方式向用户传递网络品牌信息，这样才能为用户所了解和接受。网络营销的主要办法，如搜索引擎营销、许可 E-mail 营销、网络广告等都具有互联网品牌信息传递的作用。因此，网络营销的方法和效果之间具有内在的联系。

（3）网络品牌价值的转化。互联网品牌的最终目的是获得忠诚顾客并达到增加销量的目标，因此互联网品牌价值的转化过程是互联网品牌建设中重要的环节之一。

**拓展延伸**

### 2023 年中国 500 最具价值品牌

2023 年 6 月 15 日第二十届"世界品牌大会"在北京举行。会上，世界品牌实验室发布了 2023 年《中国 500 最具价值品牌》分析报告，国家电网以 6 268.71 亿元的品牌价值位居本年度最具价值品牌榜首，中国工商银行、海尔、中国石油、中国人寿进入前五。具体内容见表 8-1。

表 8-1　2023 年《中国 500 最具价值品牌》前十名

| 排名 | 品牌名称 | 品牌拥有机构 | 品牌价值 / 亿元人民币 | 主营行业 |
|---|---|---|---|---|
| 1 | 国家电网 | 国家电网有限公司 | 6 268.71 | 能源 |
| 2 | 中国工商银行 | 中国工商银行股份有限公司 | 5 516.92 | 金融 |
| 3 | 海尔 | 海尔集团公司 | 5 123.06 | 物联网生态 |
| 4 | 中国石油 | 中国石油天然气集团有限公司 | 4 877.52 | 石油化工 |
| 5 | 中国人寿 | 中国人寿保险(集团)公司 | 4 855.67 | 金融 |
| 6 | 腾讯 | 腾讯控股有限公司 | 4 653.83 | 信息技术 |
| 7 | 中化 | 中国中化控股有限责任公司 | 4 421.45 | 化工 |
| 8 | 华润 | 华润（集团）有限公司 | 4 408.56 | 多元化 |
| 9 | 中国一汽 | 中国第一汽车集团有限公司 | 4 291.57 | 汽车 |
| 10 | 中国平安 | 中国平安保险（集团）股份有限公司 | 4 145.61 | 金融 |

世界品牌实验室（World Brand Lab.com）制表

# 知识单元2　网络品牌建设

## 单元导读

随着移动互联网技术的发展，网络品牌建设已经成为现代企业发展的核心和关键。网络品牌不仅仅是一个企业的商标，更是企业形象和产品服务的代表。在新常态下，企业要想快速稳定地发展，注重网络品牌建设是非常必要的。那么，如何塑造成功的网络品牌呢？

## 知识学习

### 一、网络品牌战略规划

#### 1. 网络品牌的塑造

（1）网络品牌定位。

网络品牌定位的主要工作是定位网络品牌的目标客户群和定位网络品牌的利益或价值。通过分析企业的产品或服务的目标客户群与网络用户的关联，得出企业网络商务主要面向的网络用户，即网络目标客户群范围，这也是品牌塑造过程的第一步。

（2）了解目标客户群。

在线和离线环境都要求深入了解客户行为，通过收集网络客户的在线点击流数据等可以得到大量信息。但是，这些信息还不足以推断影响其消费选择和体验的态度、人际和情感因素。实际上，完全在一个环境中创建品牌的企业仍然需要知道其他环境中消费者的行为。因此，传统和网络市场研究的结合通常是必要的。

（3）了解竞争状况。

如果需要向目标客户提供卓越价值的话，竞争环境分析也是十分关键的。网络世界竞争的激烈程度是常人难以想象的。常见的是，企业制订一个清晰的业务计划，其目的只是引诱竞争对手在其产品投放市场前出现。因此，了解现存和潜在的竞争对手并对其进行监视是十分关键的。

（4）设计引人注目的品牌意向。

百度是全球最大的中文搜索引擎，它致力于向人们提供"简单、可依赖"的信息获取方式。"百度"二字源于宋朝词人辛弃疾的《青玉案》诗句"众里寻他千百度"，象征着百度对中文信息检索技术的执着追求。

百度搜索引擎由四部分组成：蜘蛛程序、监控程序、索引数据库、检索程序。

门户网站只需将用户查询内容和一些相关参数传递到百度搜索引擎服务器上，后台程序就会自动工作并将最终结果返回给网站。

百度搜索引擎使用高性能的"网络蜘蛛"程序自动在互联网中搜索信息，可定制、高扩展性的调度算法使得搜索器能在极短的时间内收集到较大数量的互联网信息。百度在中国各地和美国均设有服务器，搜索范围涵盖中国、新加坡等华语地区以及北美、欧洲的部分站点。

### 2. 网络品牌的策略

网络品牌的策略主要受交互性定律和个性化定律的影响。

交互性定律是指网络上展现品牌的方式允许客户和潜在客户能与其进行交互，直接对话。当客户认识到其关注的品牌被听到并通过多渠道得到响应，敏感性便成为一个关键的品牌属性。交互频率得以提高——导致内容新鲜，并将广告瞄准特定使用场合，使消费者对他们所钟爱的品牌有了更充分的了解。

个性化定律是指通过赋予品牌个性化，消费者能够发展与品牌更个性化的关系。网络能使内容和时间的选择个性化。客户获得在其交互的本质和时间选择方面的控制感。个性化创造价值，因为品牌为个体定制。有时候，客户甚至能参与定制产品的开发。

企业在对自身业务、总体战略和目标客户群进行分析和考量之后，确定当前阶段网络经营在企业整体经营战略中的位置，并以此为依据，定制符合企业总体战略的网络品牌策略，具体如下。

（1）网络品牌命名策略。

品牌命名是创立品牌的第一步，选择一个网络品牌名称对于保持竞争优势至关重要。有研究认为，好的品牌名称反映了目标市场的特征，并且创立了独特和难忘的产品形象。重要的一点是，品牌名称易于理解、发音和拼写。品牌名称是一个长期投资，因此，品牌命名的评价过程也必须是相当严格的，要进行消费者测试，以确信品牌选择是否合适。

（2）网络品牌视觉形象策略。

一个网络品牌不仅要有一个响亮的品牌名称，还要有亮丽的视觉形象（品牌标识），品牌的视觉形象方面对于企业形象乃至品牌资产作用非凡。好的标识依赖于企业目标，最佳的标识是那些可辨认的和富有意义的，并且能产生积极的感受。高度识别的标识多为难以忘记的，因为它们在某些方面是独特的。

这种独特性导致消费者不仅能正确识别标识，而且能将标识与品牌或公司联系起来。至关重要的是，标识要能产生积极的感受，因为期望情感从标识转移到品牌或公司。如果一个品牌标识唤起积极、热烈的情感，这些情感就会转移到品牌上并影响消费者的品牌体验。标识虽然只是品牌的一个方面，却是一个重要方面。

网络品牌的视觉形象包括了传统品牌的标志设计和专用造型，还有独特的主页设计风格。网络品牌的标志设计不但使用了强烈的色彩对比，还广泛应用了多媒体技术。例如，三维技术、动画技术，在表现空间上更加广阔，品牌形象传播手段更为有力。主页的设计风格也是网络品牌的一种体现，有些网站的标志设计比较简单，但是其网页设计有独特风格，访问者印象十分深刻，也起到了品牌的效果。另外，在设计技巧上，网络品牌带有强烈的数字时代特征。体现数字时代精神的快节奏使网络品牌标志的风格简练、视觉冲击强烈，使信息传递效率成倍提高。

图 8-1 所示为多个著名的网络品牌标识，这些网络品牌都是有差异的，这种差异不仅体现在其品牌名称上，而且体现在其颜色、字体大小和字形等设计方面。

图 8-1　多品牌标志差异

（3）网络品牌立体化策略。

在传统领域，实行多品牌战略是现代企业进行市场竞争的重要手段。面对消费者不断变化的需求，企业不得不尽量使自己的产品和服务诉求多样化，实行多品牌策略是必然的选择。

把品牌引向三维立体空间的是多媒体技术。社会的进步、富裕，把人们推进到体验时代，以提高产品和服务需求来联系消费者是一种更有效的方法。音乐和音响是发展和革新企业识别和品牌识别计划的完整部分，已经成为激情的体验时代中全球性的语言，在与消费者的联系和沟通中发挥着积极的作用。

（4）网络品牌兼并策略。

网络品牌兼并这种趋势是互联网激烈竞争造成的，为了抢占市场份额，按照常规的市场扩张手段无疑速度缓慢，最直接的方法就是兼并其他公司，把对方的市场份额直接纳入自己的范围，同时又消除了竞争对手。互联网公司的兼并实质上是一场品牌的兼并，通过兼并，品牌进行了重新组合，由于品牌的背后是可观的客户群，被兼并的品牌很少被雪藏，而是继续发挥着作用，形成品牌群体。品牌兼并实质上是一场市场争夺战，在未来的互联网领域，谁拥有强有力的品牌，谁将获得市场份额，并保持长久的竞争优势，立于不败之地。

（5）网络品牌变更策略。

在市场中，由于各种原因，品牌经常会发生变更。造成变更的原因大致有以下几种：

①品牌经营不善，无法继续生存，不得不放弃原有品牌而改弦易辙。每年市场上会出现数以万计的新品牌，但是激烈的竞争使其中的绝大部分新品牌中途夭折，只有一小部分能生存下来，新品牌的寿命平均只有几个月。当品牌显露疲态，经营者最明智的决策就是终止品牌的经营而变更新形象。

②拓展新的经营领域，原有的品牌由于形象定位方面的原因而不适宜未来的发展，必须选择新的品牌。

③由于企业兼并等原因而变更。在企业发生兼并、市场进行重组时，原有品牌的市场价值也发生了变化，以新品牌或被兼并者的品牌取而代之。

④为了适应消费者不断变化的需求而需要不断地更新形象。原有的品牌常常会被经营者变换，较多情况下是改变品牌形象，如视觉的表现方式，但是当消费者由于时代的变迁而在行为方面发生了较大变化时，完全改变品牌就不可避免了。

（6）品牌合作策略。

在互联网领域，为了取得竞争的优势，和其他网站进行战略性合作的做法相当流行。几家合作网站可以共享品牌，原先的客户可以自然地进入合作网站进行访问，品牌知名度可以快速地扩张。战略合作使竞争对手明显减少，合作各方可以共享市场，有利于业务的发展。

（7）网络品牌传播策略。

网络品牌传播可以在网上进行，也可以离线宣传，品牌拥有者使用了一切手段来保证自己的品牌能扩大影响，建立品牌知名度。

**思考探索**

你觉得山东省内哪个企业的品牌标识更吸引你？为什么？

## 二、网络品牌文化建设

网络品牌文化和传统品牌文化一样，不仅包括产品、广告等要素，还包括消费者、企业、竞争者和社会公众等诸方面，是多种文化的集合体，是社会文化经济体系的重要部分。只有对品牌所蕴含的文化价值进行深入研究，从根本上领会品牌存在的价值（意义），才能将品牌融入消费者的心智模式，也才能建立真正具有营销力的品牌。

不管是传统企业通过互联网传递或再塑造品牌文化，还是互联网企业的品牌文化建设，网络品牌文化都是品牌在消费者心目中的印象、感觉和附加价值，是结晶在品牌中的经营理念、价值观、审美因素等观念形态及经营行为的总和。它能实现消费者心理满足的效用，具有超越商品本身的使用价值，能令商品区别于竞争品的禀赋。

### 1. 网络品牌文化的功能

网络品牌文化在品牌营销中具有重要的作用，其功能主要体现在以下 3 方面：

（1）提升品牌价值。品牌不仅是符号或它们的集合体，而且是企业营销活动思想和行为的复合体，是企业的全部。因而，网络品牌的构建不仅是品牌符号化、品牌知名度增长的过程，还是联系企业和消费者的桥梁，是企业营销产品的有力手段，是企业竞争取胜的关键。网络品牌的构造要从品牌的价值发现入手，在品牌要素的各个方面体现品牌的价值观，用品牌文化提升品牌资产价值。

（2）促进企业与消费者之间的融合。网络品牌文化不是单一的"企业品牌文化"，它是企业与消费者之间文化的融合和再造，网络使得这种文化沟通和融合变得更为平凡。文化沟通是以价值共识为基础的，消费者与企业不是对手，它们是产品或企业价值实现的不同环节；或者说，企业是消费者满足过程的必要组成部分，是消费者欲求满足的基础。网络品牌文化的本质是建立有效的顾客品牌关系，与消费者进行品牌对话，真正让消费者参与到品牌的建设中来，让消费者理解品牌、接受品牌、体验品牌，进而喜爱、忠诚于品牌。

（3）实现品牌个性差异化。品牌营销中，品牌个性差异化是塑造品牌形象、吸引消费者注意、与竞争对手相区别的重要手段，网络品牌文化更容易呈现个性化和差异化，在品牌价值的基础上，应结合企业特性发现、塑造品牌个性特征。

### 2. 网络品牌文化的构成

网络品牌文化是在品牌建设过程中不断发展并积淀起来的，由品牌物质文化、品牌精神文化和品牌行为文化三部分构成。

（1）品牌物质文化。

品牌物质文化是品牌的表层文化，由产品和品牌的各种物质表现方式构成。品牌物质文化是品牌理念、价值观、精神面貌的具体反映。尽管它处于品牌文化的最外层，但却集中表现了一个品牌在社会中的外在形象。顾客对品牌的认识主要来自品牌的物质文化，它是品牌对消费者的最直接的影响要素。因此，它是消费者和社会对一个品牌总体评价的起点。

根据品牌的物质构成要素，可以将品牌物质文化分为产品特质和符号集成两方面。产品特质是品牌必须具备的功能要素，它满足消费者对产品的基本需求，是消费者需求的出发点。产品特质包括产品功能和品质特征，是消费者对品牌的基本需求，是消费者对品牌功能的价值评判标准。符号集成是多种品牌识别元素的统称，它们包装和完善品牌，为消费者提供产品功能价值外的需要。它包括：①视觉部分，如品牌名称、标识、产品形状、颜色、字体等；②听觉部分，如音量、音调和节拍等；③触觉部分，如材料、质地等；④嗅觉部分，如味道、气味等。

（2）品牌精神文化。

在一种文化体系中，最核心的部分是这种文化的精神和价值观，它构成文化的精髓，掌控着文化的发展方向。不同的价值观决定不同的文化风格，如东方文化注重集体主义，西方文化注重个人主义，由此形成组织内的不同管理风格和组织结构。在企业中，价值观影响着企业的各个方面，包括管理者、员工、产品、组织、工作环境、营销、品牌和文化等。

品牌精神文化是指品牌在市场营销中形成的一种意识形态和文化观念。它是品牌文化中的心理部分，可称"心理文化"。品牌精神是品牌文化的核心，是品牌的灵魂。品牌精神文化包括品牌精神、品牌愿景、品牌伦理道德、价值观念和目标等。它决定品牌个性、品牌形象、品牌态度以及品牌在营销活动过程中的行为表现。例如，海尔的品牌精神是"真诚到永远"；诺基亚的品牌精神是"科技以人为本"；百事可乐的品牌精神是"新一代的选择"；飞利浦的品牌精神是"让我们做得更好"，等等，它们都是品牌对消费者和社会的承诺，影响企业和消费者的思想。在品牌营销过程中，企业把这种品牌价值观贯穿品牌营销的每一环节，从产品设计、功能特性、品质到营销、传播和服务，无不体现品牌精神。

品牌不是孤立存在的，它是企业与消费者不断交换、沟通的主体。品牌愿景是品牌的目标描述，是品牌将成为什么的长远规划。品牌伦理是品牌营销活动中应遵循的行为和道德规范。

在品牌精神文化的指导下，企业形成了品牌的制度文化。品牌的制度文化是指与品牌营销活动中形成的品牌精神、价值观等意识形态相适应的企业制度和组织机构。它是品牌文化中品牌与企业结合的部分，又称"中介文化"。它包括企业领导体制、组织结构、营销机制和为进行正常的生产经营而制定的管理制度等。制度文化反映了企业的性质和管理水平，是为了实现企业目标而制定的一种强制性的文化。例如，淘宝网的三大特色文化——店小二文化、武侠文化、倒立文化，亚马逊的企业精神——"新""速""实""简"，等等。

（3）品牌行为文化。

行为是一切文化成败的关键，"每一个价值观都会产生一套明确的行为含义"。品牌行为文化是品牌营销活动中的文化表现，包括营销行为、传播行为和个人行为，是品牌价值观、企业理念的动态体现。品牌的价值在于品牌的市场营销，在于品牌与消费者之间的互动，品牌行为是构建品牌价值体系、塑造品牌形象的关键。好的品牌文化要通过有效的执行去贯彻实施，从而发挥文化的效力。

品牌价值是在品牌营销中实现和建立的，离开营销活动，品牌就失去了生命，品牌行为是品牌精神的贯彻和体现。品牌文化在品牌运动中建立，品牌价值在营销中体现。品牌行为是品牌与顾客关系建立的核心过程，关乎品牌的个性彰显和品牌形象塑造，关乎企业营销的成败，关乎企业的生命。一切在行动中产生，一切也在行动中消亡，品牌行为决定了品牌的命运。

品牌行为必须与品牌精神相一致，真正做到将品牌精神全面贯彻实施。网络品牌行为文化主要包括以下几方面：一是网络品牌营销行为。企业营销行为包括产品、价格、促销和分销等营销组合与服务。营销行为中，服务作为一种独特的方式，是品牌行为的主要内容，也是品牌塑造的重要环节。二是网络品牌传播行为。网络品牌传播行为包括网络广告、公共关系、新闻、促销活动等，传播行为有助于品牌知名度的提高和品牌形象的塑造。三是品牌个人行为。品牌是多种身份角色的市场代言人，品牌行为包括企业家、员工和股东等个人行为。他们的行为构成了品牌个人行为，品牌行为又代表着他们的行为，因此企业相关人员在互联网媒体（如微博、论坛、微信等）上的言论很大程度上影响着网络品牌的形象。

网络品牌文化系统由以上三个部分组成，它们形成了品牌文化由表层至深层的有序结构。物质文化最为具体实在，属于表层文化；行为文化是一种活动，处在浅层；精神文化是价值观和文化心理，属核心文化。各系统之间相互影响、相互制约和相互渗透。精神文化是品牌文化的基础，是主导、是中心，决定其他文化的变化和发展方向，行为文化和物质文化均在此基础上产生；行为文化是品牌文化的外壳，它是物质文化和精神文化动态的反映；物质文化是精神文化的物质基础与物质外显，是一种相互促进、相互依存、客观联系的关系。

**思考探索**

互联网时代，企业该如何更好地进行网络品牌文化塑造的双向互动？

**拓展延伸**

## vivo 标志设计理念

vivo 标志的设计理念体现了品牌的核心价值观和品牌定位，凝聚了 vivo 作为一家科技企业的创新精神和对未来的向往。

首先，vivo 标志的设计理念强调简约和现代感。标志由简单的字母组成，字母之间以流线型的线条相连，形成一个整体。这种简约的设计风格，传达了 vivo 致力于提供简单、直观和便捷的科技产品的承诺。同时，流线型的线条和字母之间的连接，呈现出动态和流动的感觉，体现了 vivo 作为一家科技企业的创新精神。

其次，vivo 标志的设计理念强调时尚和年轻感。标志使用了粉色和黑色的配色方案，粉色代表着活力、活泼和年轻感；黑色则代表着科技、高端和专业感。这种配色方案使得 vivo 的标志在视觉上更加鲜明和吸引人，符合年轻用户对时尚和个性的追求。

再次，vivo 标志的设计理念强调透明度和开放性。标志中的字母之间存在空隙，空隙中透露出一种开放性和包容性。这体现了 vivo 作为一家科技企业的开放态度和愿景，致力于与不同的合作伙伴和用户共同创造美好的未来。

最后，vivo 标志的设计理念强调可识别性和可塑性。标志使用了简单直接的字母形式，易于识别和记忆。同时，标志的设计也具有相当的可塑性，可以在不同的场合和媒介中灵活运用，保持标志的一致性和品牌的连贯性。

vivo 标志的设计理念通过简约、现代感、时尚、年轻感、透明度、开放性、可识别性和可塑性等元素的融合，传达出了 vivo 作为一家科技企业的核心价值观和品牌定位。这样的设计理念不仅符合当下年轻用户对科技品牌的追求，也体现了 vivo 作为一个创新、开放和时尚的品牌的形象。

# 知识单元3　网络品牌推广

## 单元导读

网络品牌通常并不是独立存在的，与多种网络营销方法都有助于网站推广的效果一样，网络品牌往往也是多种网络营销活动带来的综合结果。网络品牌建设和推广的过程，同时也是网站推广、产品推广、销售促进的过程，所以有时很难说哪种方法是专门用来推广网络品牌的。在实际工作中，许多网络营销策略通常是为了网络营销的综合效果而不仅仅是网络品牌的提升。

## 知识学习

### 一、网络产品品牌推广

#### 1. 通过企业网站推广网络产品品牌

企业网站是网络营销的基础，也是网络品牌建设和推广的基础。在企业网站中有许多可以展示和传播产品品牌的机会，如网站上的企业标识、产品展示，网页上的内部网络广告，网站上的公司介绍和企业新闻等有关内容。

基本上，所有企业的网络平台主页都会展示该品牌的一些最新产品或主打产品，很多网站目前都通过产品大图或相关细节轮播的模式来展示该品牌的最新产品及其相关优势。需要注意的是，通过企业的网站进行产品品牌推广的时候，图片上要出现相关的企业品牌标识，以加深消费者对品牌的印象。

#### 2. 通过网络广告推广网络品牌

网络广告的作用主要表现在两个方面：品牌推广和产品促销。相对于其他网络品牌推广方法，网络广告在网络品牌推广方面具有针对性和灵活性的特点，可以根据营销策略需要，设计和投放相应的网络广告，如根据不同节日设计相应的形象广告，并采用多种表现形式投放于不同的网络媒体（如微博、微信、视频贴片等）。利用网络广告开展产品品牌推广可以是长期的计划，也可以是短期的推广，如针对新年、情人节、企业年庆等特殊节日的品牌广告。

### 3. 通过电子邮件推广网络产品品牌

企业每天都可能发送大量的电子邮件，其中有一对一的顾客服务邮件，也有一对多的产品推广或顾客关系信息，通过电子邮件向用户传递信息，也就成为传递网络品牌的一种手段。

电子邮件的组成要素包括发件人、收件人、邮件主题、邮件正文内容、签名档等。在这些要素中，发件人信息、邮件主题、签名档等都与品牌信息传递直接相关，但往往是容易被忽略的内容。正如传统信函在打开之前首先会看一下发信人信息一样，电子邮件中的发件人信息同样有其重要性。如果仅仅是个人 ID 而没有显示企业邮箱信息的话，将会降低收件人的信任程度。如果发件人使用的是免费邮箱，那么很可能让收件人在阅读之前随手删除，可见使用免费邮箱对于企业品牌形象有很大的伤害。正规企业，尤其是有一定品牌知名度的企业在此类看似比较小的问题上不能掉以轻心。

下面是通过电子邮件信息推广网络产品品牌应当注意的一些要点：

（1）设计一个含有公司品牌标志的电子邮件模板，这个模板还可以根据不同的部门，或者不同的接收人群体的特征进行针对性的设计，也可以为专项产品推广进行专门设计。

（2）电子邮件要素完整，并且要能体现出企业品牌信息。

（3）为电子邮件设计合理的签名档，突出企业品牌。

（4）商务活动中使用企业电子邮箱而不是免费邮箱或者个人邮箱。

（5）企业对外联络电子邮件格式要统一。

（6）在电子刊物和会员通信中，应在邮件内容的重要位置出现公司品牌标识。

### 4. 通过搜索引擎推广网络产品品牌

搜索引擎是用户发现企业品牌的主要方式之一，用户在通过某个关键词检索的结果中看到的信息，是对一个企业网站网络品牌的第一印象，这一印象的好坏决定了这一品牌是否有机会进一步被认知。可见，企业相关产品及网站被搜索引擎收录并且在搜索结果中排名靠前，是利用搜索引擎营销手段推广网络产品品牌的基础。

利用搜索引擎进行网络品牌推广的主要方式包括在主要搜索引擎中登录网站、搜索引擎优化、关键词广告等常见的搜索引擎营销方式。这种品牌推广手段通常并不需要专门进行，在制定网站推广、产品推广的搜索引擎策略的同时，考虑网络品牌推广的需求特点，采用"搭便车"的方式即可达到目的。这对搜索引擎营销提出了更高的要求，同时也提高了搜索引擎营销的综合效果。

当然，当公司正式开通网站搜索引擎推广服务后，需要设立相关部门密切关注排名情况及客户点击统计报告，并随时关注网站反馈情况，及时提交相关情况给相关部门。

### 5.通过网络社区推广网络产品品牌

企业网站建立网络社区（如论坛、聊天室等），对于网络营销的直接效果是有一定争议的，因为大多数企业网站访问量本来就很小，参与社区并且重复访问者更少。因此，网络社区的价值便体现不出来。但对于大型企业，尤其是有较高品牌知名度，并且用户具有相似爱好特征的企业来说就不一样了，如大型化妆品公司、房地产公司和汽车公司等，由于有大量的用户需要在企业网站获取产品知识，并与同一品牌的消费者相互交流经验，这时网络社区对网络品牌的价值就表现出来了。

这里需要指出的是，网络社区建设并不仅仅是一个技术问题。也就是说，建立网络社区的指导思想应明确，是为了建立网络品牌、提供顾客服务以及增进顾客关系。同时更重要的是，对于网络社区要有合理的经营管理方式，一个吸引用户关注和参与的网络社区才具有网络营销价值。

**思考探索**

网络产品品牌推广中植入广告属于哪种推广策略，有什么好处？

## 二、企业品牌文化推广

### 1.有情怀地通过讲故事传递企业品牌文化

情怀就像是企业品牌塑造和推广过程中所讲的品牌故事，你的故事更为感人，你的品牌就能打得更响。每当谈及说服，一般的公司都会倾向于一些更传统的思维方式，更加依赖人类的左大脑，如逻辑、价格和种类。然而，更多的证据表明，情感才是更好的推广营销的工具，依靠右脑能够激发人们更多的情感介入，而讲故事则是其最好的方式。

### 2.网络广告中体现企业品牌文化

企业品牌文化推广成功与否要看顾客对品牌的认知，即顾客的品牌体验，它是顾客对品牌文化的体验。在消费者的选择中，消费者以既有的品牌知识作为个人选择的标准。品牌知识由品牌意识和品牌形象两部分组成：品牌意识是顾客在不同情况下确认该品牌的能力，包括品牌认知和品牌回忆；品牌形象是顾客关于品牌的感觉，它反映为顾客记忆内关于该品牌的联想。顾客品牌知识的拥有程度决定了顾客的品牌选择态度和选择方式。顾客需求满足的提高，改变了顾客的品牌选择。顾客从产品的性能／价值需求上升到情感满足和品牌体验。

企业不管是在微博开通官微，定期发布状态或是在微信公众号上定期推送文章，开展各种活动，都要尽量和企业本身的品牌文化相契合，做好品牌文化的网络传播。

### 3. 借助明星效应，传播企业品牌文化

数目庞大、黏性极佳的明星粉丝群体常常让企业觉得有文章可做。在互联网时代，选择符合企业品牌文化的明星，借用明星微博的强大点击和转发能力来进行企业品牌文化推广，已经成为业界的常态。

### 4. 利用网络品牌社区，进行企业品牌文化推广

企业可以设置网络社区并充分运用其进行企业品牌文化推广。如果一位客户获得一次卓越的体验而长期成为这家公司的客户是第一次增加，当客户通过客户间的多次互动，把卓越体验分享给客户网络中的会员，使会员对这家公司产生好感而成为公司的新客户，就实现体验多次增加。

网络品牌社区的初始阶段通常是自发存在的，参与人数不多，他们构成了喜好该品牌的小群体。随着品牌对消费者影响的逐步扩大，越来越多的人开始加入。品牌的营销者要善于发现这类品牌社区的"雏形"，并对它们进行有意识的扶植和培养。在这一点上，企业要发挥能动作用。国外形成了有影响的品牌社区公司，如 Michelin 轮胎、Zippo 打火机等，都是刚开始企业的营销者有意进行培植的品牌社区。他们在进行广告宣传时，注重社区共享价值、仪式、传统以及责任感的建立，为吸引更多品牌爱好者加入他们的社区起到了很重要的作用。同时，应积极宣扬"品牌社区"的共同价值。品牌社区存在的基础是成员间有着共同的价值观。要形成和维护品牌社区的存在，必须使消费者对品牌的价值观有强烈的心理认同。例如，Zippo 打火机是对男性高尚品位诉求的满足，劳斯莱斯是对贵族地位的完美阐释。显然，品牌营销者对于目标消费者的精神状态必须有一个清醒的了解和把握，进而找出与产品、品牌相符合的价值认同。没有精神内涵的品牌是培养不出忠诚的消费者的，更谈不上这种有共同价值认同的品牌社区的存在了。在此基础上，注重支持和培养"焦点消费者"。"焦点消费者"是指消费者中对该品牌的忠诚度最高的那一部分，他们在品牌社区中起到中坚作用，他们本身所具备的某种精神是品牌内涵的最完美体现。

**思考探索**

企业在借助明星效应、推广网络企业品牌文化时，需要注意什么？应避免哪些负面情况的出现？

<table>
<tr><td colspan="3" align="center">写一写：自己喜欢的品牌</td></tr>
<tr><td align="center">商品名称</td><td align="center">商品品牌</td><td align="center">喜欢的理由</td></tr>
<tr><td></td><td></td><td></td></tr>
<tr><td></td><td></td><td></td></tr>
<tr><td></td><td></td><td></td></tr>
<tr><td></td><td></td><td></td></tr>
</table>

# 任务实训

## 任务实训 小米网络品牌建设分析报告

### 【任务描述】

小米集团成立于 2010 年 4 月，是一家以智能手机、智能硬件和 IoT 平台为核心的消费电子及智能制造公司。智能手机出货量稳居全球前三。截至 2023 年 6 月，全球 MIUI 月活跃用户 6.06 亿。同时，小米已经建立起全球领先的消费级 AIoT（人工智能和物联网）平台，集团业务已进入全球逾 100 个国家和地区。2023 年 8 月，小米集团连续五年入选《财富》"世界 500 强排行榜"（Fortune Global 500）。请分析小米短短十几年品牌建设成功的原因。

### 【任务要求】

要求学生以小组为单位完成实训任务，了解小米品牌内涵，通过分析小米品牌发展历程，根据所学知识，撰写小米网络品牌建设分析报告。

### 【任务分析】

本任务首先要收集小米集团品牌推广的相关资料，借助网络品牌推广的含义及方法，分析小米集团的推广情况，要明确产品定位，确定相关推广思路、推广策略，并进行品牌建设的分析报告。

## 【任务实施】

1.学生以小组为单位进行实训，搜集小米集团营销推广的相关资料，如网站营销、微博营销、社区及论坛等。

（1）网站营销。

2011年小米第一代手机发布，小米选择了网站独家销售的模式，首发30万台，22小时售罄。小米并没有花一分钱广告费，却获得了全手机行业最大的曝光量，成为最具话题性的手机品牌。

（2）微博营销。

（3）社区及论坛。

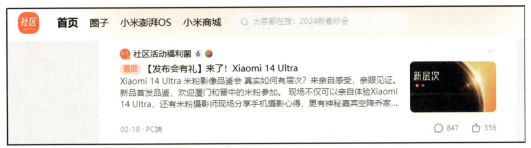

2.对小米集团的推广营销具体途径进行分析和记录。

3.结合搜集记录数据，撰写小米网络品牌建设分析报告。

## 【任务总结】

请对本次工作任务实施过程进行总结

收获与成长

_____

_____

_____

问题与困难

_____

_____

_____

## 【任务评价】

对本次工作任务实施情况、完成态度、团结合作进行评价，填写过程评价（表8-2）。

表8-2　过程评价表

| 评价项目 | 评价内容 | 分数 | 评价说明 | 自我评价 | 小组评分 | 教师评分 |
|---|---|---|---|---|---|---|
| 任务实施（60分） | 分析小米品牌内涵 | 20分 | 自主思考、总结 | | | |
| | 通过网络搜集小米集团成功营销的路径 | 20分 | 查阅资料，总结 | | | |
| | 分析小米品牌建设成功的原因 | 20分 | 小组合作，分析形成报告 | | | |
| 工作技能（20分） | 设计网络搜索方案 | 10分 | 对网络调查活动进行全面、细致计划 | | | |
| | 分析总结，形成报告 | 10分 | 根据相关资料，集合调研材料，进行分析总结 | | | |
| 职业素养（20分） | 团队协作 | 5分 | 快速协助相关同学进行工作 | | | |
| | 沟通表达 | 5分 | 主动提出问题，快速明确任务需求 | | | |
| | 认真严谨 | 10分 | 充分讨论，形成报告 | | | |
| 计分 | | | | | | |
| 总分（按自我评价30%，小组评价30%，教师评价40%计算） | | | | | | |

## 项目练习

### 一、判断题（正确的打"√"，错误的打"×"）

1. 网络品牌的视觉形象包括传统品牌的标志设计和专用造型，还有独特的主页设计风格。（　　）

2. 品牌的一些至关重要的属性不能被个性化。（　）

3. 网络品牌是指通过互联网手段建立起来的品牌。（　）

4. 网络品牌影响力可以通过品牌网站的浏览量指标、网站访问者中目标客户的比率等指标来衡量。（　）

5. 品牌一致性原则要求企业的在线离线名称、标识等要一模一样。（　）

## 二、分析题

1. 通过电子邮件推广网络品牌需要注意哪些问题？

2. 对比说明在线品牌塑造和离线品牌塑造的主要差异。

3. 网络独有的交互性和个性化特征对网络品牌策略的影响主要体现在什么地方？

4. 企业推广网络品牌可以通过哪些途径？

5. 结合实例，用个人观点说明对于传统品牌企业，是将其品牌延伸到网络上，还是建立一个全新品牌？

## 项目小结

　　网络品牌有两个方面的含义：一是通过互联网手段建立起来的品牌；二是互联网对网下既有品牌的影响。在互联网时代，企业不仅要树立传统意义上的品牌形象，更要有自己的网上品牌形象。在互联网领域，品牌是企业进行电子商务和参与网上竞争的保证。

　　相对传统意义上的企业品牌，网络品牌具有下列特点：①网络品牌的价值只有通过网络用户才能表现出来；②网络品牌体现了为用户提供的信息和服务；③网络品牌是网络营销效果的综合表现；④网络品牌的营销呈现个性化。

　　网络品牌的塑造要注意：①网络品牌定位；②了解目标客户群；③了解竞争状况；④设计引人注目的品牌意向；⑤识别客户体验中的关键点；⑥实施品牌塑造战略；⑦建立反馈系统。

　　进行网络品牌推广的方法有：①通过企业网站推广网络产品品牌；②通过网络广告推广网络产品品牌；③通过电子邮件推广网络产品品牌；④通过搜索引擎推广网络产品品牌；⑤通过口碑营销推广网络产品品牌；⑥通过网络社区推广网络产品品牌。

　　网络品牌的建设是一个长期的过程，网络营销的各个环节都与网络品牌有直接或间接的关系，网络品牌建设和维护存在于网络营销的各个环节，从网站策划、网站建设到网站推广、顾客关系和在线销售，无不与网络品牌相关，企业要将有创意的互联网思维贯穿于网络品牌建设的始终。

# 参考文献

［1］华迎. 网络营销［M］. 北京：高等教育出版社，2021.

［2］黄合水，王霏. 品牌学概论［M］. 北京：高等教育出版社，2022.

［3］王新刚. 品牌管理［M］. 北京：机械工业出版社，2020.

［4］李玉清. 网络营销［M］. 北京：北京理工大学出版社，2023.

［5］冯英健. 网络营销基础与实践［M］5版. 北京：清华大学出版社，2016.

［6］尚德峰. 网络营销［M］. 3版. 北京：中国人民大学出版社，2024.

［7］何晓兵，何杨平，王雅丽. 网络营销－基础、策略与工具［M］2版. 北京：人民邮电出版社，2020.

［8］秦良娟. 网络营销与策划［M］. 北京：中国人民大学出版社，2018.

［9］黄敏学. 网络营销［M］. 北京：高等教育出版社，2023.

［10］王艳霞. 网络营销［M］. 2版. 北京：高等教育出版社，2022.

［11］阿里巴巴商学院. 内容营销［M］. 北京：电子工业出版社，2019.

［12］李红新. 网络营销与实训［M］. 西安：西安交通大学出版社，2017.

［13］江礼坤. 网络营销与推广［M］. 2版. 北京：人民邮电出版社，2017.

［14］舒建武，杨莉. 数字营销［M］. 北京：中国商务出版社，2023.

［15］于家臻，赵雨. 网络营销实务［M］. 北京：中国财政经济出版社，2020.

［16］方玲玉. 网络营销实务［M］. 2版. 北京：高等教育出版社，2020.